DOMINIQUE ROQUES, geboren 1952 in Paris, ist als Holzfällerkind in Wäldern aufgewachsen. Nach einem Studium der Betriebswirtschaft gründete er in den 1980er-Jahren eine Destillerie für Zistrosen in Andévalo in Andalusien. Hier begann seine unglaubliche Reise als »Duftscout« für Parfümhersteller, die ihn auf der Suche nach den feinsten Essenzen und Rohstoffen in die außergewöhnlichsten Wälder der Welt, von den Zedernwäldern des Libanon bis zu den Regenwäldern Paraguays, führte. Heute gilt er als gefragter Experte der Parfümindustrie und engagiert sich für den Naturschutz und eine nachhaltige Waldwirtschaft.

DOMINIQUE ROQUES

Der Duft der Wälder

Von Menschen und Bäumen

Aus dem Französischen von
Andrea Kunstmann

HarperCollins

Die französische Originalausgabe erschien 2023 unter dem Titel
»Le Parfum des Forêts. L'homme et l'arbre, un lien millénaire«
bei Éditions Grasset & Fasquelle, Paris.

1. Auflage 2025

Verlagsgruppe HarperCollins Deutschland GmbH
Valentinskamp 24 · 20354 Hamburg
info@harpercollins.de
Umschlaggestaltung von wilhelm typo grafisch, Zollikon
Umschlagabbildung von Rawpixel.com / Anna Shkolnaya / Shutterstock.com
Gesetzt aus der Garamond Premier Pro
von GGP Media GmbH, Pößneck
Druck und Bindung von CPI books GmbH, Leck
Printed in Germany
ISBN 978-3-365-00816-4
www.harpercollins.de

Druckprodukt mit finanziellem
Klimabeitrag
ClimatePartner.com/15109-2009-1001

MIX
Papier
FSC FSC® C083411

Für Catherine & Witou,
die in San Francisco heirateten,

und für Margot und Daphné,
die so gut auf Bäume klettern können.

Inhalt

Einführung

Der Baum, der Holzfäller und der Duft

Innerhalb von etwas mehr als einem Jahrhundert hat die Menschheit die Hälfte aller Wälder weltweit gerodet und damit eine Tätigkeit extrem beschleunigt, die sie vor viertausend Jahren begonnen hat. Mit den ersten Äxten aus Bronze wird der Mensch zum Holzfäller. Er erobert die Macht über den Wald, den er aus dem Urgrund der Zeit geerbt hat, indem er den lebenden Baum in einen Baumstamm verwandelt, eine Revolution, deren Folgen noch immer den gesamten Planeten erschüttern. In der gar nicht so bekannten Geschichte des Menschen im Wald mischt sich das Erhabene mit dem Tragischen. Dieses lange Epos handelt von dem über alle Zeiten nie aufgelösten Widerspruch zwischen unserem Angewiesensein auf den lebenden Wald und unserem Holzbedarf. Mein Lebensweg hat mich in einige der außergewöhnlichsten Wälder dieser Welt geführt, und ich bekam Lust, ihre

Geschichten zu erzählen. Sie illustrieren die Schwierigkeit, Menschheit und Wald miteinander zu versöhnen, und geben doch auch Anlass zur Hoffnung, dass es möglich sei.

Wälder, Bäume und Holz sind die Bühne, auf der sich meine Kindheit abspielte, ein in meiner Erinnerung nach wie vor lebendiges Szenario. In einer von Fernweh erfüllten Nachkriegszeit gingen meine Eltern nach Amerika, wo mein Vater drei Jahre lang als Holzfäller arbeitete und in dieser Zeit die revolutionären Veränderungen durch die Kettensägen hautnah miterlebte. Ende der 1950er-Jahre machte er daraus einen Beruf: Er importierte amerikanische Modelle und zog durch die Wälder Frankreichs, um Holzfäller davon zu überzeugen, ihre jahrtausendealten Äxte beiseitezulegen und auf die motorisierte Neuheit umzusteigen. Diese Kindheit hat mich mit der Schönheit der Bäume, dem Duft des Waldes und zugleich dem Lärmen der Kettensägen vertraut gemacht. Ich sah darin zusammengehörige Teile einer faszinierenden Welt. Später hatte ich Gelegenheit, eigene Erfahrungen als Holzfäller und Waldarbeiter zu sammeln, bevor ich Einkäufer von natürlichen Essenzen für die Parfümindustrie wurde. Düfte sind immer nah an den Bäumen, sie sind für mich zur Orientierung geworden, Zeugnis des stummen Fortbestands der Wälder. Jeder neue Ausflug in die Wälder dieser Welt hat mich dazu gebracht, ihr

Schicksal zu ergründen, von ihrer ursprünglichen Schönheit bis zu dem, was die Menschen daraus gemacht haben. Im Verlauf dieser Geschichte, in der das Gute mit dem Schlimmsten einhergeht, habe ich die Erinnerungen eines Holzfällerkinds sorgsam bewahrt.

Die Begegnung mit Bäumen ist eine Quelle tiefer Freude, ein beständiges und dabei immer neu erfahrenes Glück. Abgesehen von dem, was seit langer Zeit geschrieben, gesungen und erzählt wird, genügt schon ein Spaziergang durch den Wald, um wieder zum ersten Menschen zu werden und sich von den Gefühlen überwältigen zu lassen, die die Stille und die Spuren von tausend geheimen Leben um einen herum wecken. Ich liebe es, mich inmitten von Bäumen aufzuhalten, der Anblick des lebendigen Waldes wird mir nie langweilig, der Wind, der an den Blättern zupft, die Wipfel, die sich sanft im Spiel aus Licht und Schatten bewegen. Das Schauspiel des Waldes wirkt umwerfend, alles ist darauf ausgerichtet, aus der unvergleichlichen Schönheit des Baumes, in der unglaublichen Vielfalt seiner Formen, unter allen klimatischen Bedingungen, die höchste Schöpfung auf Erden zu schaffen.

Alles trennt den Baum und den Menschen, als hätte die Evolution zwei gegensätzliche Ansätze verfolgt, die zu ganz und gar komplementären Lebensformen führten. Eine fundamentale Bruchlinie ist die Zeit. Während Bäume und Wälder für die Ewigkeit programmiert sind, ist der Mensch für den Augenblick gemacht. Was auch geschieht, Wälder können wiederauferstehen: Sie brennen, sie werden abgeholzt, sie keimen von Neuem und wachsen nach. Ein zerstörter Urwald braucht drei bis acht Jahrhunderte, um sich wieder in seinen Anfangszustand zurückzuverwandeln. Der Mensch dagegen verfügt nur über den Bruchteil eines Jahrhunderts, um diesem zeitlupenhaften Ballett beizuwohnen. Ewigkeit versus Flüchtigkeit – damit ist die Zeit der Ausgangspunkt einer radikalen Andersartigkeit. Der mobil konzipierte Mensch macht die Kürze seines Lebens durch Fortbewegung wett. Unermüdlich nutzt er seine Intelligenz für eine ihm eigene Form der Unersättlichkeit, für sein Bedürfnis nach Dominanz, mit der er seinesgleichen und die Natur unterwirft. Der Baum ist unbeweglich, robust und stumm. Er nimmt den Raum in der Vertikale ein, von der Tiefe der Erde, in die er seine Wurzeln versenkt, bis in die Höhe, wo er den Himmel zu berühren scheint, sich hundert Meter emporreckt, um immer neue Blätter der Sonne und dem Wind darzubieten. In seinem Leben findet die Bewegung im Inneren statt, wo er den Saft von seinen Wurzeln bis in die Spitze seiner Zweige transportiert. Er spricht zwar nicht, doch seine Kommunikationsmittel und Methoden zur Unterstützung seiner Nachbarn mittels Wurzeln und Blättern sind noch längst nicht umfassend erforscht. Er beherbergt und nährt alle möglichen Formen des Lebens: Vögel, Nagetiere, Insekten und Pilze. Diese verbreiten seine Samen, die anderswo keimen und ihm so ebenfalls Mobilität ermöglichen. Die fundamentalen Unterschiede zwischen den zwei Lebensformen ziehen unweigerlich eine Konfrontation nach sich, für die ein Mensch zum Symbol wurde: der Holzfäller.

Ich liebe Bäume, ich liebe es, sie zu betrachten, zu pflanzen und ihnen beim Wachsen zuzusehen. Ich liebe die heiligen Bäume, die alten Bergbuchen, alterslose Eichen, Baumdenkmäler in den Tropen, die die Einheimischen niemals fällen würden. Ich habe aber auch gelernt, wie man Bäume fällt: um ihren Nachbarn ein besseres Wachstum zu ermöglichen, weil man ihr Holz möchte, weil es uns normal erscheint, Bäume zu nutzen. All die Fragen rund um den Menschen im Wald, lebende und tote Bäume, den Waldbaum und den Holzbaum begleiten mich bereits ein Leben lang. Kann man gleichzeitig Wälder und Holzfäller lieben? Kann man sich darauf beschränken, nur die richtigen Bäume am richtigen Ort zum richtigen Zeitpunkt zu schlagen, ohne sich am System der Entwaldung und Zerstörung zu beteiligen? Die

Geschichte der Waldnutzung und die Spuren, die die Holzfäller hinterlassen haben, machen Antworten schwierig und strittig. Dennoch sind auch die Figuren des Holzfällers, des Köhlers oder des Harzsammlers Teil der engen Verbindung, die ich zu Wald, Bäumen und Holz verspüre. Ich habe Respekt vor den Werkzeugen, den Äxten, den Hand- und Motorsägen und dem Holz, das sie formen. Ich liebe die Geschichte der Holzfäller.

Die Menschen sind zwar seit der Ur- und Frühgeschichte zu der beachtlichen Leistung fähig, mit ihren Steinäxten Bäume zu fällen, aber sie scheinen nur dann darauf zurückgegriffen zu haben, wenn es wirklich notwendig war. Drei Jahrtausende vor unserer Zeit hat die Erfindung der Metallurgie dann alles verändert, die Produktion erster Äxte aus Kupfer, dann aus Bronze, war eine Revolution von enormer Tragweite. Sie erlaubte eine bisher unmögliche Verwandlung: Der Baum, den man nun endlich fällen konnte, wechselte seinen Charakter und wurde zur Quelle für Holz: das Material, das zusammen mit Stein die Sesshaftigkeit ermöglichte. Dies kündigte zugleich den Bruch mit der heilen und heiligen Natur an, die Wälder begannen allmählich zu schwinden, Jäger und Sammler wurden zu Menschen, die Bäume fällen.

Im Lauf der Eroberung der unberührten Natur werden die Holzfäller und Köhler sich lange Zeit gegen den unbekannten, gefährlichen, feindseligen, finsteren Wald wehren müssen, der von wilden Tieren bevölkert ist. Im Lauf der Jahrhunderte werden die Menschen des Waldes mit ihren geschwärzten Gesichtern und übermenschlichen Kräften zu ebenso faszinierenden wie erschreckenden Bindegliedern zwischen Wildnis und Siedlung. Eine große Geschichte, auf deren Spuren ich in den unterschiedlichsten Wäldern, in alten und neuen, von Libanon bis Paraguay, gestoßen bin.

Ich habe gelernt, den Duft der Wälder wahrzunehmen und zu lieben. Er ist allgegenwärtig, von den Gebirgen bis in die Tropen verströmt er seine Subtilität und Kraft. Er lädt dazu ein, sich den vielfältigen, wechselnden, starken oder schwachen, warmen oder kalten Nuancen hinzugeben, den Lüften, die kommen und gehen. Die Gerüche beim Durchstreifen eines Waldes, der Humus und das Moos des Waldbodens, Wind, der Eukalyptusblätter oder Piniennadeln mit sich trägt, die Harzgallen in den Stämmen, das Totholz. Der Geruch im Herz des Baums, der Saft, der Balsam, der Gummi. Versteckte Düfte, die sich erst im geschlagenen und gespaltenen Holz offenbaren, frisch oder trocken, harzig oder grün. Der Geruch von Sägemehl, von brennendem oder trocknendem Holz, von Kohle oder Rauch. Für Parfümeure sind die Düfte der rote Faden im Wald, eine Quelle der Inspiration. Sie entstehen nach Fällungen oder Waldbränden bei jedem nachwachsenden Baum wieder neu. Die Wälder sind Horte der Stille und des Lebens. Über ihre Rolle als CO_2-Speicher und Sauerstofflieferanten hinaus gewinnt man ständig neue Erkenntnisse über den unglaublichen Reichtum und die Komplexität des Lebens, das sie von der Wurzel bis zur Krone beherbergen. Sie sind sozusagen eine letzte Zuflucht vor dem Lärm und dem Wüten der Menschen.

Der Anfang des Untergangs der Bäume liegt weit zurück in der Antike, im Libanongebirge, im Gilgamesch-Epos. Mit Gilgameschs Sieg über Humbaba, das den Zedernwald bewachende Ungeheuer, beginnt die Zivilisation die Wildnis zu erobern. Eine Begegnung mit den Zedern, die in diesem ersten von Menschen geplünderten Wald überlebt haben, ist wie eine Pilgerfahrt zum Startpunkt der modernen Zeit, eine sehr emotionale Reise.

Im Mittelalter war die Entwaldung bereits so weit fortgeschritten, dass die Menschen sich der Endlichkeit dieser Ressource langsam bewusst wurden. Die Nachfrage nach Metallen für Äxte, Pflüge und andere Geräte beschleunigte die Rodung in der westlichen Welt. Es bedurfte großer Mengen an Holzkohle, um Metall herzustellen, und viel Metall, um den Wald zugunsten von Ackerland zurückzudrängen. Über die Jahrhunderte wird Europa aus schierer Notwendigkeit versuchen, seine

Wälder im Sinne einer langfristigen Nutzbarkeit zu bewahren.

Ich habe das Handwerk des Holzfällers in einem Plenterwald in den Bergen erlernt, der aus der Arbeit und Voraussicht von Generationen talentierter Förster hervorgegangen war, an einem Ort, wo die Spuren der Kohlenmeiler noch heiß waren. Bis zum Beginn des 20. Jahrhunderts bewirtschaftete man den Wald mithilfe von Äxten, Handsägen und Ochsengespannen. Als sich die amerikanischen Holzfäller ab 1850 über die größten Bäume hermachten, die die Schöpfung jemals hervorgebracht hat – die Mammutbäume (Sequoia) im Norden Kaliforniens –, verwendeten sie die gleichen Werkzeuge, die gleichen Techniken wie die Phönizier, die im ersten Jahrtausend vor Christus die Zedern des Libanon fällten. Als dampfgetriebene Winden, Lokomotiven und schließlich Motorsägen in das Heiligtum der Baumriesen eindrangen, war der Weg zur beinahe völligen Zerstörung des schönsten Waldes der Welt gebahnt. Wer heute die einzigartige Kathedrale aus verschont gebliebenen jahrtausendealten Sequoias durchstreift, verspürt unweigerlich Dankbarkeit gegenüber denjenigen, die sich bereits früher für die Bewahrung dieser Urwaldgebiete einsetzten.

Motorsägen, Traktoren, Harvester und Bulldozer – der massive Einsatz von Maschinen hat zugleich zur Geburt der Ökologie beigetragen, zu deren emotionalen Pfeilern der Schutz und die Bewahrung von Bäumen gehören. Der schlimmste Missbrauch findet noch immer in den tropischen Urwäldern statt, wie auf Borneo, wo für den Anbau von Ölpalmen alles niedergebrannt wird. Ein weiteres Beispiel ist der Gran Chaco in Paraguay, im südlichen Amazonasgebiet. Er wird nach und nach in Nutzflächen für die Landwirtschaft umgewandelt und zerstört, obwohl dieser Wald eine ganz besondere Baumart beherbergt, den für die Parfümherstellung unverzichtbaren Guajak, den eine Handvoll engagierter Menschen kommerziell nutzen, um gerade dadurch den Wald insgesamt bewahren zu können.

Nutzung, Bewahrung, Pflanzungen und Schutzmaßnahmen: Auf die damit zusammenhängenden Kontroversen stoße ich bei meinen Reisen überall. Ebenso wie die Tiere und die Meere stehen die Wälder im Zentrum all der Widersprüche unserer Zivilisation, die die Ausplünderung der Natur mit der Notwendigkeit rechtfertigt, acht Milliarden Menschen zu ernähren, zu transportieren und vor Kälte zu schützen. Fünftausend Jahre nach der Erfindung der ersten Äxte haben wir dieses verzwickte Paradox noch immer nicht aufgelöst. Einerseits ist uns die Endlichkeit des unersetzlichen Ökosystems wilder Wälder bewusst, andererseits ist da unser nie gestillter Hunger nach Holz und frischen Ackerflächen. Die weltweite

Baumlandschaft, die daraus entsteht, erweist sich als vielfältig und gegensätzlich, sie zeigt sich von der besten wie von der schlechtesten Seite. Die Antwort auf die Zerstörung des tropischen Regenwalds und die Ausbreitung intensiver Anbaumethoden liegt in einer Forstwirtschaft, die Biodiversität berücksichtigt, sowie in aufsehenerregenden neuen Initiativen, die sich von den Wüsten bis in die Innenstädte der Wiederherstellung, dem Schutz und der Wiederaufforstung widmen.

In diesem Buch möchte ich die Geschichte der Bäume und ihrer Nutzung erzählen. Ich möchte andere an meinen Dufterlebnissen in ganz besonderen Wäldern teilhaben lassen und deutlich machen, wie verwundbar sie sind und wie dringend wir handeln müssen – und zugleich der Notwendigkeit Ausdruck verleihen, an eine Versöhnung von Menschen und Bäumen zu glauben. Alte oder neue, wilde oder gezähmte Wälder, gefällte, geschützte oder neu gepflanzte Bäume, Motorsägen, Hölzer oder Duftnoten – auf den folgenden Seiten streue ich wie der kleine Däumling im Märchen zur Orientierung meine Kieselsteine aus.

1.

Die Zeit der Wälder

Das fast zwei Meter lange Brett mit seinen unregelmäßigen, rindenbewachsenen Rändern sieht wie direkt aus einem Stamm geschnitten aus. Weil es groß genug ist, um als Tisch zu dienen, habe ich es einfach auf zwei Holzblöcke gelegt. Auf den ersten Blick erinnert alles daran an den Baum, von dem es stammt, die Rinde, die Linien in der Maserung, die Astlöcher. Aber irgendetwas passt nicht, dieses Brett kann nicht aus Holz sein, die Fläche glänzt wie Marmor und schimmert in allen möglichen Farben, Beige und Braun und Dunkelrot mit ein bisschen Schwarz und Elfenbein. Meine Tischplatte ist in Wahrheit versteinertes Holz. Ihre Geschichte beginnt in Madagaskar, einem der wenigen Orte weltweit, an dem man dieses finden kann. Im Westen der Insel, in der Region Majunga, werden Teile von Baumstämmen zutage befördert, deren Alter kaum fassbar ist. Von heftigen Überschwemmungen mitgerissen, in Schlamm-, Ton- und Sandsedimenten voller Vulkanasche gefangen, haben sich diese Baumstämme in einer zeitlupenhaften Alchemie in Siliziumblöcke verwandelt, jede ursprüngliche Ligninzelle ist nach und nach zu Stein geworden und wurde mit der Zeit von verschiedensten Oxiden eingefärbt.

Natürlich fragt man sich angesichts der eigenartigen Schönheit einer solchen Steinplatte, wie lange dieser Vorgang dauert, doch die Antwort hilft kaum weiter: Meine Tischplatte besteht aus einem Stück Araukarie, einer Urform der Nadelbäume, die vor 220 Millionen Jahren existiert hat. Wie soll man sich eine Vorstellung vom Alter dieser Mumie machen? Ich habe das Stück in einer Sägemühle in Madagaskars Hauptstadt Antananarivo entdeckt und dann in einem Container mit Vanilleschoten verschickt. Bis zur Ankunft hatte die Verpackung aus Kiefernholz den Geruch der Vanille angenommen, doch die Platte selbst roch nach nichts, sie begnügte sich damit, achtzig Kilo zu wiegen, das unbegreifliche Konzentrat von zwei Millionen Jahrhunderten, die sie hinter sich gebracht hatte, bevor sie bei mir an der bretonischen Küste landete. Ich betrachte und befühle das wenige Zentimeter dicke Holz, das härter als Granit und fast so schwer zu schneiden wie Diamant ist. Es gefällt mir, dass man in diese aufeinandergeschichteten Jahrhunderte nicht leichter eindringen kann als in einen Edelstein. Es ist die extreme Verdichtung einer Zeitspanne, die uns übersteigt.

Ein anderes Zeitmaß präsentieren die frühesten Botschaften der Wälder. Die Entstehung der Bäume reicht 370 Millionen Jahre zurück, es ist der Beginn einer Welt, die von so weit herkommt, dass wir sie wohl nur als unterwegs zur Ewigkeit auffassen können. Angesichts des Alters und des Durchhaltevermögens dieser großartigen Lebensform spielt sich da etwas ab, das zur Unendlichkeit gehört. In der Zeit, in der meine Araukarie gewachsen ist, besiedelten Bäume diese Erde bereits seit 150 Millionen Jahren. Als maßgebliche Entwicklung des Pflanzenreichs haben sich Bäume als die am besten geeignete Art erwiesen, die entstehenden Landmassen zu erobern. Ihre Vorgänger waren riesige Farne von bis zu dreißig Metern Höhe, mit ihnen war das Konzept Baum bereits geboren: eine kraftvoll in die Vertikale wachsende Pflanze mit festem, widerstandsfähigem Stamm. Im Ozean der Zeit würde der Wald gedeihen und sich durch Diversifikation weiterentwickeln, Tausende unterschiedliche Arten hervorbringen und in der Lage sein, sich an alle umwälzenden Veränderungen des Planeten anzupassen: Vergletscherung und Erderwärmung, Vulkanausbrüche und Brände. Schon vor hundert Millionen Jahren war die Nordhalbkugel mit Magnolien und Mammutbäumen bedeckt. Im Tertiär, also fünfzig Millionen Jahre später, gesellten sich Zypressen und Zedern dazu. Vor fünf Millionen Jahren entstanden Eiche, Ahorn und Kiefer. In den großen Kaltzeiten weichen die Wälder nach Süden aus, doch sobald das Eis sich zurückzieht, kehren sie wieder. In einem kontinuierlichen Anpassungsprozess beweist der Wald seine erstaunliche Akklimatisierungs- und Überlebensfähigkeit und etabliert sich als grundlegendes Ökosystem der Erde, das im Lauf seiner Entwicklung mit dem gesamten Tierreich koexistiert – selbst das Erscheinen und Verschwinden der Dinosaurier tangiert den Wald nicht.

Das Ende der letzten großen Kaltzeit vor etwa 15 000 Jahren markiert den Höhepunkt der Herrschaft der Wälder, die damals etwa zwei Drittel der Landmasse bedeckten, wovon heute nur noch die Hälfte übrig ist. Die wichtigsten Bewaldungsarten waren bereits voll etabliert und haben sich seither wenig verändert. Nehmen wir die oft unterschätzte Größe der Wälder und Taigas der Nordhalbkugel: Die endlosen Weiten von Nadel- und Birkenwäldern im Norden Kanadas und Russlands umfasst heute etwa ein Drittel der bewaldeten Landmasse. Etwas weiter südlich hat man es mit den Mischwäldern der gemäßigten Zone zu tun, die nach der Entwicklung der ersten Gesellschaften, die Ackerbau und Viehzucht betrieben, am anfälligsten waren. Und schließlich die Tropenwälder, Heimat einer unvorstellbaren Vielfalt an Pflanzen und Tieren und damit Biodiversitäts-Hotspot. Die großen tropischen Regenwälder in Amazonien, im Kongobecken und in Südostasien beherbergen heute die Hälfte aller weltweit existierenden Arten. In Amazonien wachsen 16 000 unterschiedliche Baumarten, in Europa 140, in den borealen Wäldern vielleicht ein Dutzend. Alle Lebewesen reagieren auf das Klima, und mit der Nähe zum Äquator nimmt die Artenvielfalt explosionsartig zu. Zu der Zeit, als die Malereien in den Höhlen von Lascaux entstanden, hatte die Natur bereits Tausende von Baumarten entwickelt, eine außerordentliche Bandbreite angesichts der kleinen Menge uns bekannter Arten. Zuerst die Bäume der gemäßigten und nördlichen Wälder, in denen die Koniferen dominieren, Bäume, die ihre Nadeln in der Regel das ganze Jahr über nicht abwerfen. Fast tausend Arten weltweit umfassen die Familien der Kiefern, Fichten, Tannen, Zedern, Wacholder, Zypressen, Lärchen, Sequoia, Cryptomeria und viele mehr. Die Laubbäume begleiten unsere Jahreszeiten, indem sie jeden Frühling neue Knospen und Blätter erschaffen, die im Herbst fallen und damit Jahr für Jahr nach und nach das Grundmaterial für den Humusaufbau in den Waldböden liefern. Eichen, Buchen, Kastanien, Linden, Ahorn- und Obstbäume, sie alle sind in den Zivilisationen und Traditionen Europas und Nordamerikas omnipräsent. Auf der Südhalbkugel erweist sich die große Familie der Eukalyptusbäume, die ursprünglich aus Australien stammt, als so anpassungsfähig und produktiv, dass man sie zur Papier- und Brennstoffherstellung inzwischen überall anpflanzt. Und die Botanik hat die Identifizierung der unzähligen Baumarten der Tropen noch längst nicht vollendet. Aufgrund der Nutzung von Edelhölzern seit der Kolonialzeit kennen wir davon zumindest eine geringe Zahl: Teak, Mahagoni, Palisander, Rosenholz, Ebenholz, Okoumé, Iroko.

Im Zeitmaßstab des Waldes ist seine Beziehung zum Menschen so jung und kurz wie eine Anekdote. Vor allem aber handelt es sich bei dieser Geschichte um eine Anomalie, um die Ankunft des ersten Räubers von Bäumen aus einer außergewöhnlichen Welt, die wir als vollkommenste Form des Lebens heute gerade erst zu begreifen beginnen.

Ich stelle mir gerne vor, wie die Waldlandschaft aussah, bevor die Menschheit Ackerbau und Viehzucht entdeckte und sich über die Bäume hermachte. Dann sehe ich einen gigantischen Teppich aus Baumriesen, die den größten Teil der Erde bedecken und deren Wachstum nichts hemmt außer das eine oder andere Feuer. Tiefe Schatten, die einer außerordentlich reichen und vielfältigen Tierwelt Schutz bieten, wie man sie sich heute gar nicht mehr vorstellen kann. Überall – in den Tropen, im Gebirge, in den Ebenen der gemäßigten Zonen – eine unendliche Vielfalt an Bäumen, viele davon Jahrhunderte alt, manche völlig alterslos, und ob lebendig, alt oder tot, spielen sie alle eine wichtige Rolle im Lebenszyklus des Waldes. Der geduldige Vorstoß der jungen Exemplare, die manchmal Jahrzehnte auf Sonnenstrahlen warten müssen, bis der Fall eines Riesen eine Lichtung schafft. Leben auf allen Etagen: Humusreiche Böden sind in der Lage, Wasser zu speichern, sie sind vor Sonnenstrahlung geschützt und durchzogen von einem ausgedehnten, tiefen Netz von Wurzeln, der Heimat Tausender Pilze. Unterirdische Fäden des Myzels zersetzen zusammen mit Bakterien und Insekten Totholz und Laub. In allen Breiten schützt und nährt der Wald eine große Zahl von Säugetieren, darunter viele Nager. In den Bäumen der Tropen sind dies unzählige Affen und Lemuren und oben in der Krone Blüten, Früchte, Insekten, unter anderem Schmetterlinge, verschiedenste Vogelarten. Wohl kein Paradies, aber doch ein ursprünglicher Garten Eden, in dem auch die ersten Menschen ihren Platz gefunden hatten.

Sehr lange, Hunderttausende Jahre, lebten primitive Menschen als Gefährten der Tierwelt im Schutz der Wälder, die ihnen Sicherheit und Nahrung boten. Gruppen von im Wald siedelnden Jägern und Sammlern hinterließen dort bereits vor 50 000 Jahren ihre Spuren. Ein großer Teil der Populationen unserer Ahnen, der direkten Vorfahren des *Homo Sapiens*, haben sehr lange mit dem

Wald koexistiert. Im Lauf der Jahrtausende lernte die Gattung *Homo* zuerst in, dann mit und schließlich von der Diversität der Ökosysteme der Wälder dieser Welt zu leben. Der Mensch knüpft zum Wald eine von Respekt und Furcht geprägte Beziehung, pflegt eine Nähe zu Bäumen und Tieren, die er in eine Vielzahl von Kulten und religiösen Überzeugungen integriert. Es ist verlockend, den Waldmenschen als letzten Gast zu betrachten, der friedlich mit der Pflanzen- und Tierwelt zusammenlebt und genau den richtigen Platz in einem Zyklus des Lebens einnimmt, den niemand zu stören gezwungen ist. Überall auf der Welt haben von Anfang an Gemeinschaften und Stämme in den Wäldern und von dessen Ressourcen gelebt und dabei Wissen angesammelt. Jäger, Fischer, Sammmler von Früchten und Heilpflanzen, zugleich Handwerker und Künstler, sie alle vermieden es, Bäume zu schlagen. Sie verarbeiteten nur die Stämme, die von selbst fielen, und nutzten das Feuer und ihre Steinäxte nur für konkrete Bedürfnisse wie den Bau von Booten wie Einbäumen. Diese Menschen und ihre Lebensform sind fast vollkommen verschwunden – und doch nicht ganz. Es erstaunt und berührt, dass noch heute rund hundert autochthone Völker in den Tropenwäldern leben. Sie konnten sich in den letzten zwei Jahrhunderten vor Forschenden und Kolonisten retten, vor dem Militär und der Industrie, die sich zusammentaten, um Indigene zu verfolgen und zu vertreiben, zu jagen, zu kolonisieren und zu berauben. Man zerstörte ihre Wälder in einem Rausch aus Gewalt und Gier, dessen Ausmaß noch gar nicht in Gänze begriffen ist. Die Überlebenden erscheinen wie eine Nebenlinie der Menschheit, Individuen, die sich für die Kontinuität eines Lebens mit dem Wald entschieden haben, keine andere Existenzform anstreben und keine Evolution nötig haben. Eine Nebenlinie, deren Geschichte und Schicksal bewegt und beschämt, die jedoch unweigerlich ausgelöscht werden wird.

In den Wäldern, den Savannen, den Höhlen am Waldrand hat der Mensch sich ständig weiterentwickelt, ein Sonderfall in diesem auf den ersten Blick so unveränderlichen Universum. In nur wenigen Jahrtausenden wandelt er sich, erfindet Werkzeuge und Techniken, künstlerische Praktiken und Zeremonien. Im Wald ist er auf der Durchreise, hat seine moderne Lebensweise dort nur vorbereitet und wird ihn verlassen. Die Abkehr vom Wald ist einer der Wendepunkte in der Geschichte der Menschheit. *Homo Sapiens* erfindet den Anbau von Pflanzen, die Zähmung von Tieren, den Bau von Dörfern und das Handwerk. In einer Welt, in der Bäume mehrere hundert Jahre alt werden und sich kontinuierlich regenerieren, nur kurz unterbrochen von Vulkanausbrüchen, Stürmen oder Bränden, beschließen die Menschen auf ihrem Weg zur Zivilisation den Lauf der Natur und der Zeit zu beeinflussen. Sie betreten den Wald, um Bäume zu schlagen und sich mit Holz zu versorgen. Der Wald war ein Heim, nun wird er zur Mine. Würde man seine fast 400 Millionen Jahre währende Geschichte zu einem einzigen Jahr zusammenfassen, wären die Bäume am 1. Januar aus dem Boden gesprossen und erst am 31. Dezember um neun Uhr abends hätte sich *Homo sapiens* selbst eingeladen, um ihnen einen Besuch abzustatten. Sieben Minuten vor Mitternacht produziert er die ersten Äxte aus Bronze, und die letzten dreizehn Sekunden des Jahres reichen ihm aus, um die Hälfte des Planeten zu entwalden. Aktuellen Schätzungen zufolge wachsen 3000 Milliarden Bäume auf der Erdoberfläche. Eine unwirkliche, schwindelerregende Zahl, doch eine schnelle Rechnung lässt sie glaubhaft scheinen: Wenn auf jeden Erdbewohner noch etwa vierhundert Bäume kommen, sind das zehn Mal weniger als vor hundert Jahren.

Ich mag den Gedanken, dass wir alle die Erinnerung an unsere erste Begegnung mit einem Baum, mit dem Wald noch in uns tragen. Eine Selbstverständlichkeit für Generationen von Menschen, die im ländlichen Raum aufwuchsen, eine vermutlich völlig andere Erfahrung für die heutigen Kinder der Städte. Doch Bäume gibt es überall, und überall gelingt es ihnen, unsere Blicke auf sich zu ziehen. Ein Apfelbaum voller Früchte im September im Garten der Großeltern; eine Platane, die einen mediterranen Dorfplatz beschattet; der aus der Perspektive des Kindes riesige Weihnachtsbaum. Vielleicht auch der golbgelbe Gingko auf einem New Yorker Bürgersteig oder die feuerroten Blätter der Ahornbäume in Kyoto. Hundert Beispiele, tausend Möglichkeiten. Meine eigenen Erinnerungen an die Entdeckung des Baumuniversums sind umso eindrücklicher, als sich darin die Bilder von großen, duftenden Tannen und Sonnenstrahlen im Laub von Buchen mit Bildern von Menschen mischen, von Holzfällern, die mit ein paar Handgriffen eine Wolke aus Hobelspänen und Sägemehl freisetzen. In der Waldwelt, die ich als Kind entdeckte, führen Menschen ein Werk fort, dessen Spuren sehr weit in die Zeit zurückreichen.

2.

Das Kind und das Sägemehl

So viele Jahre später habe ich die Erinnerung an jenen Tag noch immer im Kopf: Bilder und Gerüche zwischen Traum und Wirklichkeit, ein Gefühl, das offenbar nicht verblassen will. Ich war neun oder zehn Jahre alt. Mein Vater hatte mich während der Osterferien in seinen Peugeot 403 gesteckt, mit dem wir am Vorabend von unserem kleinen Dorf im Département Seine-et-Oise ins Département Isère gefahren waren, wo er in den Buchen- und Tannenwäldern des Vercors zu einer Baumfäll-Vorführung erwartet wurde. Im Kofferraum befanden sich mehrere Motorsägen.

Am nächsten Tag kämpfte sich unser Auto einen kurvigen Waldweg hinauf, bis mein Vater schließlich inmitten großer Bäume, die den ganzen Hang bedeckten, anhielt. Die Szenerie erschien mir riesenhaft und geheimnisvoll. Nachdem wir die Autotüren zugeschlagen hatten, trat Stille ein, und der Geruch, der den Wald durchzog, überwältigte mich. Ich erblickte Tannen mit schuppiger Rinde, die ihre Zweige voll dunkelgrüner Nadeln gen Himmel zu strecken schienen, und dazwischen die glatten, hellgrauen Stämme der Buchen, deren dichtes Geäst üppiges zartgrünes Laub trug. Tannen und Buchen – die Namen dieser beiden Bäume speicherte ich in meinem kindlichen Gedächtnis.

Man erwartete uns bereits. Der Eigentümer des Waldes, gekleidet in Kordsamt, Tweed, Stiefel und Schirmmütze, stand neben seinen Holzfällern. Vier drahtige Männer mit wettergegerbten Gesichtern und Kappen auf den Köpfen, jeder hielt seine Axt mit dem Blatt auf dem Boden. Italiener, wie ich später begriff, vermutlich aus dem Piemont, die zu den Tausenden Familien gehörten, die in den 1930er-Jahren nach Frankreich gekommen waren, um in den Wäldern im Süden des Landes zu arbeiten, Köhler bis in die 1950er-Jahre, nun noch immer Holzfäller, unermüdliche, zähe Arbeiter. Auf dem Boden standen Umhängetaschen, aus denen die Hälse von Weinflaschen lugten. Der Trupp wartete mit einer Mischung aus Interesse, Skepsis und Furcht auf das, was ihnen der bereits überzeugte Eigentümer mit großem Enthusiasmus angekündigt hatte: Die Arbeit mit der Kettensäge statt der Axt sei ein großer Fortschritt, für sie ebenso wie für ihn.

Dass man Bäume auch anders als mit Äxten fällen konnte, war eine unerhörte Neuheit. Die allerersten Einmann-Motorsägen waren in den USA erst Ende der 1940er-Jahre in Erscheinung getreten. In Kalifornien hatte mein Vater sie entdeckt und damit umzugehen gelernt, und als er nach Frankreich zurückkehrte, machte er den Import dieser Modelle zu seinem Beruf. Fünf Jahre lang zog er durch die Wälder Frankreichs, um Vorführungen zu veranstalten, die nicht selten in einen Wettkampf zwischen Axt und Maschine ausuferten. Die Motorsäge war ein Angriff auf eine jahrhundertealte Tradition, auf die Geschichte der Waldmenschen, eine Gemeinschaft, die stolz an ihrem zeitlosen Wissen festhielt, für das sie immer zugleich bewundert und gefürchtet wurde. Stumm beobachteten die vier Kameraden, wie mein Vater die Säge aus dem Kofferraum holte, sie mit Treibstoff füllte und die Kette ölte. Er zündete sich eine Zigarette an und folgte dem Waldbesitzer etwas abseits des Weges zu einer in meiner Erinnerung riesigen Tanne.

Die Maschine war gelb. Sie glänzte in der Sonne dieses Frühlingsmorgens, als die Holzfäller nun tuschelnd einen großen Kreis um sie bildeten. Für mich war die Säge nichts Neues, sie gehörte praktisch zum Inventar unseres Hauses, das als Lager und Werkstatt diente, und mit der Zeit hatte ich mich an den ohrenbetäubenden Lärm gewöhnt, den der Motor beim Anwerfen verursachte. Die ersten Modelle waren sehr schwer und unhandlich wegen der langen Klinge, und sie zu starten war oft mühsam: Man musste dazu mehrfach sehr kräftig am Starterkabel ziehen. Das Gerät mit laufendem Motor in der Hand, die Zigarette noch immer im Mundwinkel, näherte sich mein Vater der Tanne. Ich sah, wie er den Kopf zum Wipfel hob – ich wusste noch nicht, dass dies dazu diente, die Fallrichtung einzuschätzen, und es davon abhing, wo man die Säge ansetzte. Für die erste Kerbe muss der Holzfäller beurteilen, wo und wie der Stamm sich neigt, wie die Krone beschaffen ist und welche Bäume in der Nähe stehen, die beim Fall nicht beschädigt werden sollen.

Er ließ den Motor aufheulen, um die Klinge etwas oberhalb der Wurzeln in den Stamm zu treiben. Schnell hatte er den Fallkerb ausgesägt, einen großen Holzkeil auf der Seite der Richtung, in die der Stamm fallen sollte. Das Sägemehl wirbelte umher, und der intensive Geruch des Tannenharzes ist mir auch nach der langen Zeit noch im Gedächtnis. Mein Vater ging um den Baum herum und forderte uns auf, etwa zehn Meter zurückzutreten. Dann schaltete er seine Maschine auf volle Leistung und begann gegenüber des Fallkerbs mit dem Fällschnitt. Ich erinnere mich, dass er dabei die ganze Zeit rauchte, was mich verblüffte. Sonnenlicht fiel durch das Laub auf eine Szene, in der sich rund um den Holzfäller die Abgase mit dem Zigarettenrauch mischten. Er arbeitete mit bloßen

Händen, die Ärmel seines karierten amerikanischen Holzfällerhemds hochgekrempelt – von Schutzkleidung konnte keine Rede sein, das waren andere Zeiten.

Als mein Vater sich aufrichtete, stand ihm der Schweiß auf der Stirn. Noch immer war ein ganzes Stück zu sägen. Er wandte sich mir zu und bedeutete mir, mich neben ihn zu stellen. Ich war nicht gerade der Mutigste und näherte mich nur zögernd. Ob ich ihm helfen wolle, fragte er mich und schob die Säge zurück in den Spalt, nahm meine Hand in seine, um sie zum Gashebel zu führen, und so sägten wir ein paar Sekunden lang gemeinsam. Rauch, ein Schwall von Sägemehl im Sonnenlicht, der süße, grüne Geruch des Harzes, der Höllenlärm des Motors … meine Aufregung hatte die Oberhand über meine Angst gewonnen, daran erinnere ich mich sehr genau – es war meine Initiation in die Waldarbeit.

Schnell lief ich zu den Holzfällern zurück, und mein Vater schickte alle noch etwas weiter weg, um die Fällung zu Ende zu bringen. Das Schauspiel eines fallenden Baumes im Wald ist kurz, intensiv und immer bewegend. Die eindringliche Langsamkeit der ersten Sekunden, in denen er zu schwanken beginnt, dann das Krachen, wenn die letzten Holzfasern reißen, die den Stamm noch mit seiner Wurzelbasis verbinden. Sie sind unvergesslich. Das Rascheln, wenn seine Krone die Nachbarn streift, dann ein heftiger Luftzug, bis er am Boden aufschlägt, dumpf und hart, der Lärm der brechenden Äste und das Erzittern des lebendigen Waldbodens.

Mein Vater stieg am Stamm entlang hangabwärts, um die Äste und die Spitze abzusägen. Er hinterließ einen sauberen Stamm, das sogenannte Rohholz, eine Bezeichnung, mit der ein frisch geschlagener Baum in die Welt des Holzes und der Menschen übergeht. Die Italiener waren nun in Fahrt gekommen, sie hatten ihre Äxte beiseitegelegt und unterhielten sich laut miteinander. Sie umringten den Stumpf und untersuchten die Schnittfläche. Keinerlei Späne, wie Äxte sie produzierten, diese charakteristischen Holzstückchen, die so alt wie die Menschheit waren. Nur ein Teppich aus feinem Sägemehl lag auf dem Waldboden.

Die Erfindung der mit scharfen Zähnen bestückten Kette veränderte das Baumfällen, führte es weg von den harten, wiederkehrenden Hieben der scharfen Schneide, hin zu einer Arbeit wie im Sägewerk oder einer Tischlerei. Das Fällen der Tanne hatte meinen Vater weniger als eine Viertelstunde gekostet, und die Piemonteser wussten nur allzu gut, dass sie selbst zu zweit dafür mindestens zwei Stunden gebraucht hätten. Nun begaben sich alle zurück nach oben auf den Waldweg, und der Waldbesitzer zeigte meinem Vater eine markierte Buche, die er zum zweiten Demonstrationsobjekt erkoren hatte. Auch sie war in meiner Erinnerung, im Maßstab eines Kindes, riesengroß, meiner Schätzung nach musste sie sechzig bis achtzig Jahre alt gewesen sein, ein übliches Alter für die Fällung. Der Vorgang wiederholte sich, nur ließ diesmal der Motorsägenmann einen der Holzfäller die letzten Handgriffe tun und den Baum zu Fall bringen. Die auf Italienisch geführten Gespräche wurden immer lebhafter.

Der Waldbesitzer hieß André und wurde über die Jahre zu einem Freund der Familie. Er hatte diesen weitläufigen schönen Wald geerbt und experimentierte mit allem, was seine forstwirtschaftliche Nutzung voranbringen konnte. André stand für die lange Tradition der französischen Waldwirtschaft, die sich immer um eine Weiterentwicklung bemüht hatte, seit Jean-Baptiste Colbert, Begründer des Merkantilismus, dreihundert Jahre zuvor seine Praxis der ständigen Verjüngung der Eichenwälder im Königreich etabliert hatte. Jahrhunderte der Beschäftigung mit dem Schicksal der Wälder hatten insbesondere das Modell der *futaie jardinée* (Plenterwald) hervorgebracht, die schönste Art der Aufforstung in den Wäldern der gemäßigten Zone, nach der auch der Wald von Isère geschaffen war, in dem wir uns befanden. In solchen Baumbeständen wachsen unterschiedliche Baumarten in unterschiedlichen Altersstufen, und man entnimmt jeweils die fällreifen Exemplare. André war einer der ersten Förster, die meinem Vater vertrauten und ihm Ende der 1950er-Jahre seine Kettensägen abkauften, zu einer Zeit, in der jeder Import aus den USA aufgrund des Devisenmangels schwierig und gewagt war. Er hatte sofort verstanden, dass diese Maschinen eine Revolution für die Forstwirtschaft darstellten. Auch wenn sie teuer waren, ließen sich die Holzfäller bald überall von ihrem Nutzen überzeugen.

Ich ging zur Tanne und steckte eine Handvoll Sägemehl in meine Hosentasche. Ich glaube, die Gerüche dieses Vormittags sind mir noch ebenso präsent wie die Bilder, eine unwillkürliche olfaktorische Erinnerung an meine Kindheit. Ein Tannenwald riecht unglaublich gut. Es ist die Mischung von Harz, das aus den Stämmen fließt, und den ätherischen Ölen in den Nadeln. Die Geruchsintensität variiert je nach Temperatur, der Sonneneinstrahlung im Halbdunkel des Waldes und der Tageszeit. Für die Verbreitung des Dufts sorgt der in den Wipfeln zirkulierende Wind. Was man im Wald riecht, ist eine absolut einzigartige Mischung aus warmen, harzigen Noten und dem kräftigen Geruch des Humus, zu dem noch Spuren von Moos, Pilzen und fließendem Wasser hinzukommen. In meine andere Hosentasche steckte ich das Sägemehl der frisch gefällten Buche, das ganz anders roch. Auch wenn das Sägemehl von Laubbäumen keine aromatischen Stoffe enthält, riecht es doch stark nach Holz und Feuchtigkeit, eine Herbheit, die von Art zu Art variiert.

Die Holzfäller schwatzten und scherzten mit meinem Vater, der – halb Gaskogner, halb Provenzale – den Kontakt zu einfachen Arbeitern sehr schätzte. Ohne dass er es zu erwähnen brauchte, merkte man an der Gewandtheit, mit der er sich im Wald bewegte, dass er zwei Jahre als Holzfäller in Kalifornien und Alaska verbracht hatte. Einen Motorsägenhandel zu betreiben war für ihn die ideale Möglichkeit, mit Bäumen zu leben.

Wir machten uns auf den Weg zurück, zu unserem Haus, das isoliert auf dem Land mit Blick auf den Wald von Rambouillet lag. In meinen Hosentaschen trug ich den Duft des Waldes von Isère und den Stolz, einen Augenblick lang Holzfäller gewesen zu sein.

Meine Eltern haben mir erzählt, dass es zwei oder drei Jahre lang nur eine einzige Hoffnung gab, die wenigen Motorsägen, die sie importieren konnten, auch zu verkaufen: indem sie einen Baumfäll-Service anboten. Sie durchkämmten ganz Frankreich von den Seekiefer-Wäldern der Landes (einem in Südwestfrankreich am Atlantik gelegenen Département) bis zu den Fichten des Jura im Osten. Mein Vater bekam Stücklohn, seine Maschinen erregten Neugier, woraus hin und wieder eine Bestellung resultierte. Meine Eltern mieteten äußerst schlichte Landhäuser, in denen meine dreijährige Schwester und ich, ein Jahr älter, offenbar rundum glücklich waren. Als ich sechs wurde, hatten sich die Vorführungen meines Vaters als so erfolgreich erwiesen, dass er einen Handel aufbauen konnte und wir uns etwa vierzig Kilometer entfernt von Paris (nach damaligen Maßstäben am Ende der Welt) niederlassen konnten. Seine häusliche Werkstatt erbebte unter dem Krach der Sägen. Mein Vater, sein Geschäftspartner und zwei Mechaniker testeten dort neue oder reparierte Maschinen. Vor dem Haus lagen jede Menge Baumstämme herum, an denen die Schärfe der Sägeketten überprüft werden konnte, was für ständigen Nachschub an Sägemehl von Birken, Kiefern oder Eichen sorgte – der perfekte Spielplatz für uns Geschwister. Eine Mischung aus Gerüchen, in der das Sägemehl sich gegen Öl und Benzin durchsetzte. Gegenüber von unserem Haus war ich Herrscher über ein Stück des Waldes von Rambouillet, ein ebenfalls auf vorbildliche Weise nachhaltig bewirtschaftetes Waldgebiet mit Eichen aller Altersstufen. Das Unterholz dort roch ganz wunderbar, und im Jahreslauf wuchsen erst Maiglöckchen, dann Steinpilze. Die Humusschicht war sehr dick. Am Ende meines Geheimpfads führte ein von Kiefern und Felsbrocken bedeckter Hang zu einem kristallklaren Bachlauf. Das war mein Sherwood Forest, in dem ich abwechselnd Robin Hood oder Ivanhoe war. Unsere Kindheit roch nach Wald und Holz.

Die Tannen von Isère sind mir als meine Initiation in Erinnerung geblieben, sie waren auf all meinen Wegen durch die Wälder dieser Welt präsent. In den folgenden Jahren verdiente ich mein Geld damit, Bäume zu fällen und freizuschneiden, bevor mir die Begegnung mit dem Öl der Kiefernnadeln in den Wäldern der Landes eine andere Aufgabe bescherte.

3.

Die Lärchen und der Einkäufer

Mitte der 1970er-Jahre hatte ich mein Studium an der Pariser Wirtschaftshochschule HEC mit einer Arbeit zur Holzbeschaffung für einen Palettenhersteller in der Auvergne abgeschlossen und stellte fest, dass alles, was mit Wald zu tun hat, mich interessierte. »Handel« zu studieren meinte damals alles Mögliche, und Finanzen und internationale Angelegenheiten ließen auch Platz für den Bereich Landwirtschaft und Ernährung, wo sich alle tummelten, die noch nicht so recht wussten, was sie mit ihrem Leben anfangen sollten. Als ich die Hochschule verließ, erschien mir die Vorstellung, Bäume zu fällen, verlockender, als in einer Wirtschaftsprüfungskanzlei zu sitzen. Die Gelegenheit dazu bot sich in einem Lärchenwald in Südfrankreich, wo ich mit der Realität des Holzfälleralltags konfrontiert wurde.

Als Jérôme die Säge weglegt, zögert der Baum noch kurz, beginnt zu schwanken und stößt gegen eine benachbarte Krone, was seine Flugbahn ablenkt, fällt langsam und kommt einige Meter über dem Boden auf dem Stamm einer anderen Lärche zu liegen. Wortlos sehen wir uns an, wir wissen schon, wie es weitergeht. Einer von uns muss unten am Stamm ganz nah an den Wurzeln einen dicken Pflock als Hebel ansetzen, und der andere klettert auf den Stamm und springt so lange darauf herum, bis er sich löst. Das kostet uns eine halbe Stunde Arbeit und zusätzliche Anstrengung, die wir uns an diesem Spätnachmittag gerne erspart hätten. Um ein effizienter Holzfäller zu werden, braucht es Zeit und die Erfahrung einer ganzen Reihe von Missgeschicken und Widrigkeiten, aber genau darauf arbeiten Jérôme und ich an jenem Nachmittag in den Cevennen hin. Wir sind Cousins und haben schon seit unserer Kindheit ein enges Verhältnis. Er, der Ältere, hat das Temperament eines Abenteurers und ist auch wegen seiner Kraft und handwerklichen Begabung mein Vorbild. Der Zeitgeist ist nicht spurlos an uns vorübergegangen, und mit den ersten Ölkatastrophen und den Cartoons von Reiser in *Charlie Hebdo* sind auch Vorstellungen von Ökologie und einem Zurück zur Natur in unser studentisches Bewusstsein gedrungen. Jérôme hat uns einen Job bei einem kleinen Sägewerk in Le Vigan, einer größeren Ortschaft in den Cevennen, besorgt. Wir wissen zwar, wie die Kettensägen funktionieren, haben aber in dem Beruf keinerlei Erfahrung. Wir sollen Lärchen und Tannen fällen, die die ONF (Office national des forêts, die französische Forstverwaltung) in einem großen Areal im Gebiet des Mont Aigoual ausgewählt hat. Das Sägewerk hat sie »stehend« gekauft, das heißt, wir werden nach der Menge des geschlagenen, entasteten und entrindeten Holzes bezahlt. Nach Jahren bemessen ist jener Sommer ewig her, und doch ist er mir noch sehr gegenwärtig. Der fortwährende Kontakt mit Wäldern hinterlässt im Gedächtnis tiefe Spuren. Die Bäume helfen uns, die mit ihnen verbrachte Zeit nicht zu vergessen, indem sie unbewegt und zugleich lebendig da bleiben, wo wir ihnen begegnet sind. Die Tannen am Mont Aigoual, die wir nicht gefällt haben, sind weiter gewachsen, und ich stelle mir gerne vor, dass sie sich an unseren Besuch vor fast fünfzig Jahren erinnern, der für sie nur ein kurzer Moment war.

Die Lärche ist ein sehr eleganter Nadelbaum und liefert ein vorzügliches Holz, das in Berggegenden häufig für den Bau von Scheunen und Hütten genutzt wird. Im Gegensatz zu anderen Nadelhölzern wirft sie im Winter ihre Nadeln ab und stellt im Frühling ihre frischen zartgrünen Triebe zur Schau. Lärchen und Tannen riechen sehr intensiv, wofür die Photosynthese verantwortlich ist. Ihre Nadeln produzieren dabei duftende Moleküle, die sogenannten Terpene, die den Wäldern ihren charakteristischen, für Menschen sehr anziehenden und zugleich beruhigenden Duft verleihen. Auch unser Wald duftete, doch ein Geruch, der uns über Wochen hinweg einhüllte, war noch viel stärker: Es waren die Harzgallen, die sich beim Schneiden des Stamms, der Äste, der Krone und vor allem der Rinde öffneten. Obwohl es damals erst fünfzehn Jahre her war, dass die ersten Motorsägen in der Forstwirtschaft verwendet wurden, war das Schlagen von Bäumen mit der Axt bereits komplett verschwunden. Viele Holzfäller hatten ihren Beruf behalten und nur das Werkzeug gewechselt. Uns war gar nicht bewusst, welch unerhörte Neuerung die Motorsäge darstellte, ebenso wenig, dass mit ihr ein sehr altes Kapitel der Menschheitsgeschichte endete. In der westlichen Welt beherrschte diese Maschine etwa vierzig Jahre lang die bewirtschafteten Wälder, bis mit den Harvestern weltweit der Gipfel der Modernität beschritten wurde. Im Rückblick kann man unsere damalige Ausrüstung und Unterbringung nur belächeln. Man hatte für uns ein winziges Steinhaus mit zwei Zimmern am Ortsrand gemietet, in dem es zwar Strom, aber kein Warmwasser gab. Wir starteten in aller Frühe in einem 2-CV-Kastenwagen aus grauem Wellblech, mit einer Motorsäge, Äxten, einem Hammer und Keilen, Feilen sowie Kanistern mit Öl und Zweitaktmischung. Wir arbeiteten in T-Shirts, Jeans und Gummistiefeln, keine Helme, keine Schnittschutzhosen, keine Schutzkappen aus Metall an den Schuhen. Sicherheitsvorschriften und -ausrüstung existierten damals noch genauso wenig wie zu der Zeit, als mein Vater seine Vorführungen veranstaltete.

Eine Stunde auf Serpentinenstraßen, um zu unserem Arbeitsort zu gelangen, ein Waldstück wie für eine Postkarte gemacht, ein Hang voller Lärchen und Tannen, der Boden von Heidelbeerbüschen bedeckt und unterhalb des Terrains ein kleiner Gebirgsbach. Die zu fällenden Bäume hatten Fachleute markiert, indem sie mit der Hacke etwa auf Augenhöhe eine Kerbe in der Rinde angebracht hatten. Es waren vorwiegend Lärchen, jeder sechste oder siebte Baum wurde geschlagen: Es handelte sich um die Durchforstung eines Plenterwalds, die behutsamste Form forstwirtschaftlicher Nutzung. Das Mehr an Licht durch die von uns geschaffenen Leerstellen würde den verbleibenden Bäumen zugute kommen, ihr Wachstum fördern und dafür sorgen, dass neue Pflanzen keimten. Die zwischen den Lärchen ebenfalls markierten Tannen waren unsere Belohnung, sie waren dicker und leichter zu entrinden und damit lukrativer.

Beim Fällen und Entrinden wechselten wir uns im Lauf des Tages ab. Die Motorsäge war zwar schwer und laut, trotzdem war das Fällen die gehobenere Aufgabe.

Mir gefiel es, den Baum zu betrachten und nach seiner Kronenform abzuschätzen, in welche Richtung er fallen würde, den Fallkerb richtig zu setzen und bis zum Schluss seine Sturzbahn zu steuern, indem ich im letzten Augenblick entschied, an welcher Stelle ich die letzten Holzfasern durchtrennte. Auch wenn ich darin nicht ganz ungeschickt war, waren Fehler und Frust keine Seltenheit. Eine sehr bittere Erinnerung habe ich an eine riesige Tanne mit zwanzig Meter langem Schaft, bei der ich falsch angesetzt hatte. Mitten in der Arbeit neigte sich der Baum anders als geplant in die entgegengesetzte Richtung und blockierte die Schneide der Säge. Nach vergeblichen Versuchen, sie loszubekommen, indem ich mit dem Hammer Keile in den Einschnitt trieb, blieb mir nur noch die Axt, um die Maschine zu befreien. Dieser Rückgriff auf ursprüngliche Holzfällertechniken endete mit einem ungeschickten Schlag auf Sägekette und -blatt, was meinem Arbeitstag ein Ende setzte …

Das Entrinden der Lärchenstämme war eine ziemliche Schinderei. Die dicke Rinde entfernte man mit einem Werkzeug, das vor Ort als *rusquet* bezeichnet wurde: Dieses Schäleisen bestand aus einem Griff, an dessen Ende eine dreieckige Metallklinge befestigt war. Im Frühling löst sich die Rinde ziemlich leicht vom Stamm, doch je weiter das Jahr fortschreitet, desto fester sitzt sie, und damals Anfang Juni war es eine extrem mühsame Angelegenheit. Die Streifen lösten sich mit dem Schäleisen nur sehr schlecht, und man musste ziemlich viel Kraft aufwenden. Unser Arbeitsauftrag lautete komplette Entrindung, erst dann durften wir den Stammumfang messen, um das Holzvolumen zu berechnen, nach dem wir bezahlt wurden. Das Volumen »unter der Rinde« entnahmen wir einer Tabelle und trugen unsere Arbeitsergebnisse auf einem Regiezettel ein. Jeder entastete und entrindete Baum wurde also zeremoniell mit einem Bandmaß vermessen, und da die Lärchen nicht sehr dick waren, bedeutete jedes Ergebnis über einem Kubikmeter einen kleinen Sieg. Ich erinnere mich, dass die Lärchen des Spätnachmittags aufgrund unserer Erschöpfung nicht immer ganz sauber entrindet waren.

Mittags stiegen wir kurz hinunter zu dem Bach, um uns zu erfrischen, und machten dann Konservendosen heiß. Nach einer kurzen Siesta hieß es, die Kettensäge nachzuschärfen, unerlässlich für effizientes und präzises Sägen. Nach stundenlanger Arbeit werden die Messer durch Sand oder kleine Steinchen, die sich im Wurzelbereich im Moos verstecken, stumpf, und man muss die Klingen mit einer runden Feile schleifen. Dafür hatte jeder von uns seine eigene Technik, sitzend oder knieend mit der Säge zwischen den Beinen, in unterschiedlicher Position für die beiden Seiten der Kette. Es galt, den Winkel der Klinge zu berücksichtigen und nicht zu viel

Metall abzutragen, damit die Kette möglichst lange hielt. In unserem Tandem hatte ich die Aufgabe des Kettenschleifens übernommen, ein recht bescheidener Beitrag zu unserer Zusammenarbeit, bei der sich Jérôme als der deutlich schnellere Entrinder erwies. Wir mussten uns sehr überwinden, die Arbeit am Nachmittag wieder aufzunehmen, aber ich erinnere mich an das Glück dieser halben Stunde Pause, in der wir mit geschlossenen Augen zwischen Heidelbeeren und Moos lagen, im Ohr das sanfte Rascheln des Winds in den Lärchennadeln und in der Nase den Geruch der frisch entrindeten Stämme.

Abends kehrten wir todmüde in unser Häuschen zurück, klebrig vom Harz und schwarz vom Staub der Flechten, der beim Fall der Bäume in die Luft gewirbelt wird. Jérôme hatte aus einem alten Farbeimer einen Brausekopf improvisiert, den wir mit Wasser füllten, das wir auf einem Gaskocher erwärmten. Diese bescheidene Dusche war für uns überlebenswichtig. Wir hatten einen Radiorekorder dabei, in dem in Dauerschleife die letzte Platte von Bob Dylan lief, vor allem das Lied *Tangled Up In Blue*. Eine Zeile dieser traumartigen Lebensgeschichte bezog sich auf die Arbeit in den großen Wäldern des Nordens, und das sprach uns, die Arbeiter in den Wäldern des Südens, die wir sozusagen »tangled up in green« waren, sehr an. Unser Holzfällerabenteuer zog sich über den gesamten Sommer, danach trennten sich unsere Wege.

Jérôme hat seine Fähigkeiten in diesem Handwerk in jahrhundertealten Eichenwäldern erweitert, wo er später mit der Entnahme besonders wertvoller Bäume betraut war. Noch heute weiß ich die Freiheit jener Zeit und die Unbeschwertheit unserer Arbeit zu schätzen.

Auch ich konnte nach diesen Lärchen mit der Welt der Bäume nicht abschließen und trat einer kleinen Waldarbeiter-Kooperative im Norden des Départements Gard bei. Die Gestrüppbekämpfung war in den Wäldern der Mittelmeerregion zu einer wichtigen Angelegenheit geworden, nachdem in Südfrankreich und Korsika die Zahl der Waldbrände jahrelang immens zugenommen hatte. Wir lichteten die Garrigue, eine niedrige, aber dichte Strauchvegetation, eine Mischung aus jungen Eichen oder Steineichen, Wacholder und Erdbeerbäumen, Pinien und Buchs. Die Gelegenheit, die Vielfalt der Gerüche mediterraner Wälder zu entdecken, wie den des Wacholders, der ebenso einzigartig und kräftig ist, wie die Stacheln seiner Blätter teuflisch aggressiv waren. Da die Böden sehr steinig waren, stumpften die Kettensägen schnell ab, sodass ich sie drei- oder viermal täglich nachschleifen musste. Wir hatten einen großen Häcksler, und die Mischung der Späne aus Holz, Blättern und Nadeln, die er ausspuckte, roch sehr stark nach dem Tannin der Eichen, nach Terpentin und Wacholderbeeren. Unsere

Einsatzorte hielten ganz unterschiedliche und intensive Düfte bereit, die ich allmählich bewusster wahrnahm, doch diese Nebenprodukte des Waldes animierten mich anfangs nur dazu, mir über ihren Energiewert Gedanken zu machen. Als Reaktion auf die Explosion des Ölpreises war eine mit öffentlichen Mitteln geförderte Gesellschaft gegründet worden, um innovative Projekte zur Beheizung von Wohnungen, Krankenhäusern oder Schulen mit Holz anzuschieben. Einige Jahre lang arbeitete ich als Einkäufer aller möglichen Formen von Holz, mit denen Heizungen in ganz Frankreich betrieben wurden. Sägespäne, Rinde, Gestrüpp, Sägeabfälle, ich nahm alles. Ein mühsamer Job, wir waren mit unserer Idee der Zeit ein paar Jahrzehnte voraus, und um wirklich rentabel zu sein, war der Ölpreis noch nicht hoch genug. Über die damaligen ökonomischen und technischen Diskussionen kann ich nur lachen, wenn ich an den heutigen Boom der Pelletheizungen denke – sie sind so erfolgreich, dass man ihnen bereits wieder vorwirft, der Entwaldung Vorschub zu leisten.

Es war eine Lieferung Kiefernnadeln für ein Heizwerk in Bordeaux, die mich mit ätherischen Ölen in Berührung brachte. In einem Wald der Landes hatten sich Pioniere der Regionalentwicklung von den Herstellern von Nadelbaumextrakten aus Quebec inspirieren lassen und sich auf die Destillation von Kiefernnadel- und Wacholderessenzen verlegt. Die Wiederverwertung der Destillationsabfälle war entscheidend für die Rentabilität des Unternehmens. Die Idee, den Duft des Waldes einzufangen, gab dem, was ich während meines jahrelangen Aufenthalts in Wäldern kennen und lieben gelernt hatte, plötzlich einen Sinn, und so trat ich in das Unternehmen ein. Ich habe also die Motorsäge beiseitegelegt, um Hersteller von Duftessenzen und später dann Einkäufer von natürlichen Extrakten für die Parfümindustrie zu werden. Eine andere Möglichkeit, in Wälder einzutauchen, in die Welt der Dufthölzer – ein Holzfällerlehrling, der zum Duftsammler wird.

Wälder riechen immer, Wälder sind voller Düfte. Es sind die Gerüche der vielfältigen Bäume, die damit beschäftigt sind, zu leben, zu wachsen und zu sterben, umgeben von unzähligen anderen Pflanzen, Tieren, Insekten und Pilzen, die vom Untergrund bis in die Wipfel ihr stilles, langsames Ballett tanzen. Wälder riechen nach dem Atem der Bäume, Blumen und Früchte, die sich öffnen und vergehen, nach der Aktivität der Wurzeln in der Erde, nach dem Wasser, das sie durchströmt, nach den von der Sonne erwärmten Blättern, Nadeln und Stämmen. Der Geruch des borealen Waldes wird in den kurzen Sommern vom Harz dominiert, bevor alles unter einer Schneedecke verschwindet. Am Äquator riechen die Wälder nach feuchter Hitze, der Zersetzung von Blättern und Holz, der Schwere durchnässter Böden, auf denen die Waldlebewesen das Fallholz verspeisen. Der Duft der Nadelbäume in den Wäldern der gemäßigten Zone ist geprägt von Terpenen, stark riechenden Molekülen, die von harzenden Bäumen abgegeben werden. Die Gerüche von Kiefern, Tannen, Zedern, Wacholder, Zypressen und vielen anderen wirken vertraut, warm, aromatisch, beruhigend und entspannend. Auf der Südhalbkugel sorgt ein anderes Terpen, das Cineol, für den Duft von Eukalyptuswäldern. Dieser unterscheidet sich deutlich vom Harzgeruch, ist aber ebenso intensiv und wiedererkennbar. Cineol ist mit den Eukalyptusbäumen praktisch rund um die Welt gewandert und hat in Portugal, Spanien, Korsika sowie in Kalifornien eine deutlich wahrnehmbare Duftmarke gesetzt. Kiefern, Tannen und Eukalyptusbäume sind ein unerschöpfliches Duftreservoir, sie evozieren ganz unmittelbar ein Bild vom Wald und sind eine begehrte Quelle des Wohlbefindens, wie eine ferne Erinnerung an ein menschenloses Paradies. Auch Laubwälder duften, aber dezenter. Die Gerüche von Buchen oder Eichen stecken weniger in den Blättern als vielmehr im Kontakt des fallenden Laubs mit der Bodenschicht, ein alchemistischer Prozess, der für den Humus sorgt. Diese Wälder riechen nach Erde, Pilzen, Moos, Totholz und im Frühling nach frischem Pflanzensaft.

Im Lauf der Jahre habe ich den Weg dieser Gerüche aus den tiefen Wäldern heraus bis zur Verwandlung in aromatische Zutaten verfolgt. Gerüche, die in den Händen und Nasen der Parfümeure zu Schätzen wurden, die Assoziationen von Wald und Bäumen heraufbeschwören können. Die Bandbreite an Extrakten, die heute in der Parfümindustrie eingesetzt wird, verdankt sich dem Weg des holzjagenden Menschen durch die Jahrhunderte und Weltregionen. In alter Zeit sammelte man zunächst duftendes Holz (Zedern-, Wacholder-, Sandelholz), dessen aromatischer Rauch als Verbindung zum Göttlichen diente. Die Antike duftet nach den von Bäumen abgegebenen Balsamen und Harzen, die vielfältig eingesetzt werden, beispielsweise in der ägyptischen Kultur Weihrauch und Myrrhe zur Einbalsamierung. In der Mittelmeerregion dichtete man mit dem Harz der Kiefern Schiffe ab, bevor man im 19. Jahrhundert die Bäume systematisch anzuzapfen begann, um diesen Stoff in der Industrie zu nutzen. Das Harz von Tannen- und Lärchenstämmen spielt in der Herstellung von Farben und Lacken eine Rolle. Andere Bäume liefern für die Parfümherstellung Benzoe, Styrax, Perubalsam oder Elemi; jeder Stoff hat einen typischen Geruch und besondere Eigenschaften.

Seit der Entwicklung der Destillation und der Fähigkeit, ätherische Öle in Alkohol zu lösen, ist der Wald aus der Welt der Parfümherstellung nicht mehr wegzudenken. Vom 17. Jahrhundert an vervielfältigen sich die Essenzen von Blättern, Hölzern, Harzen und Beeren. Anfangs wählen Parfümeure einige grundlegende Laubgerüche, die zu Klassikern geworden sind: die Balsamtanne Kanadas, die sibirische Tanne, Zypresse, Eukalyptus, Wacholderbeere oder Petitgrain, ein ätherisches Öl aus den Zweigen der Bitterorange. In den letzten Jahrzehnten hat der Erfolg von Aromatherapien dazu beigetragen, die Bandbreite angebotener Essenzen zu erweitern, sodass man heute Dutzende verschiedener ätherischer Öle von Nadelbäumen wie Pinien, Tannen, Fichten, Thujas, Lärchen oder Scheinzypressen findet. All diese sogenannten aromatischen, harzigen oder grünen Duftnoten sind Konzentrate des Geruchs von Kiefernwäldern oder zerriebener Nadeln, die wegen ihres Reichtums an Terpenen verwandt, aber doch alle verschieden sind. Aufgrund ihrer von der Aromatherapie propagierten spezifischen Wirkung sind sie sehr begehrt. Neben dem Laub ist auch das Holz dieser Bäume sehr geruchsintensiv. Grün im Wald oder trocken im Sägewerk, mit Wasserdampf destilliert oder mithilfe von Lösungsmitteln extrahiert, ist selbst das Sägemehl ein wertvolles Reservoir an Düften. Die Parfümeure spielen mit den Bäumen aus aller Welt und haben keine Hemmungen, einzelne Düfte zu mischen, um die olfaktorische Vorstellung eines Baums oder Waldes zu transportieren.

Die trocken-harzige Note des virginischen Wacholders oder die wärmere der marokkanischen Zeder können mit der abgerundeten Milchigkeit von Sandelholz, der fruchtig-rauchigen Intensität von Guajak oder dem Animalischen von Adlerholz harmonieren. Diesen klassischen Noten werden je nach Mode und Innovationslust weitere hinzugefügt, zum Beispiel Thuja/rote Zeder, Alaska-Zypresse, chinesische Cunninghamia oder japanische Cryptomeria, nicht zu vergessen Extrakte von Eiche, die ein Aroma von Wald und Vanille hinzufügen, das sich die Parfümerie von den Barriquefässern abgeschaut hat. Ob die Bäume nun angezapft, gefällt, gespalten oder zu Sägemehl verarbeitet werden, die Parfümindustrie hat gelernt, die Düfte von Bäumen wahrzunemen, einzusetzen und zu würdigen, indem man sie mit den Aromen von Blüten und Gewürzen kombiniert und diese wunderbaren Kreationen in Flakons einfängt.

Holzfäller und Einkäufer für die Parfümindustrie – zwei unterschiedliche Richtungen, die sich für mich ergänzt haben. Sie sind Ausdruck meines ganz eigenen Wegs durch die Wälder und meines Blicks auf ihr Schicksal. Ich habe gelernt, dass beides zugleich möglich ist: Freude am Bäumefällen *und* das Bedürfnis, Wälder zu schützen und zu retten; ein maßvoller Holzfäller *und* ein leidenschaftlicher Baumpflanzer zu sein. Im Lauf der Jahre habe ich auch festgestellt, dass sich der Duft wie ein roter Faden durch die Geschichte des Waldes zieht. Manchmal bleibt er sehr zurückhaltend, bei Buchen und Mammutbäumen tief in ihrem Holz versteckt. Manchmal ist er so wertvoll, dass man die Bäume nur seinetwegen fällt, so den Adlerholzbaum in Asien oder den Guajak in Paraguay. Düfte begleiten die lebenden und die toten Bäume, vom frischen Laub bis zur Holzkohle. Die ersten Pinien, die in der Asche eines Waldbrands keimen, tragen in ihren Nadeln bereits einen Bruchteil des Dufts ganzer Pinienwälder. Im Libanongebirge erzählt der Duft der Zedern die dreitausend Jahre alte Geschichte der Abholzung eines mythischen Waldes. Auf den Spuren der ersten Holzfäller dieser Welt bin ich auf Erinnerungen an die Pracht der Bäume gestoßen, aber auch auf die Entschlossenheit all jener, die sie wiederaufleben lassen wollen.

4.

Die Axt des Gilgamesch

Ganz oben im Wald von Ehden, im Libanongebirge in zweitausend Metern Höhe, räume ich weiße Steine beiseite, um in brauner Erde zu graben. Sandra hält mir die junge Zeder hin, ich platziere vorsichtig den Erdballen, fülle das Pflanzloch wieder mit Erde auf, die ich leicht festklopfe, und lege die Steine in einem Kreis rundherum, als Reservoir für Regenwasser. Ich stehe auf und betrachte die kleine Zeder mit ihren zartgrünen Nadeln, wie sie sich im Wind wiegt. Neben mir stehen zwei glücklich lächelnde Libanesinnen: Sandra, die Verantwortliche für dieses Waldschutzgebiet, und Joumana, Apothekerin von Beruf und begeistert von ätherischen Ölen, die mich auf den Spuren der Zedern und ihres Dufts durch den Libanon führt. Die beiden wissen, was mir diese schlichte Geste bedeutet, dass mir ihr Geschenk, eine Zeder pflanzen zu dürfen, den Zugang zur ältesten Geschichte über die Menschen im Wald eröffnet. Von diesem Bergkamm lasse ich meinen Blick über ein weites, von Bäumen bedecktes Tal gleiten, über Schluchten und Hänge, aus denen die charakteristischen Wipfel der großen Libanon-Zedern ragen. Ich kann meine Gefühle schwer bändigen, da ich weiß, dass ich Überreste der Mutter aller Wälder vor Augen habe, eines Denkmals der Menschheitsgeschichte.

Über mehr als hundert Kilometer von Norden nach Süden bedeckten die Libanon-Zedern einst die Hänge dieses Gebirges. Dank der wenigen noch vorhandenen Reste und vieler antiker Schriften kann man sich eine grobe Vorstellung davon machen, wie prachtvoll das Bergmassiv vor Ankunft der ersten Holzfäller dreitausend Jahre vor unserer Zeitrechnung gewirkt haben muss. Riesige dichte Wälder, in denen Zedern Seite an Seite mit großen Wacholderbäumen, Tannen, Eichen und Kiefern standen. Diese hohen, mächtigen Zedern und Wacholderbäume wurden mehr als tausend Jahre alt. Sie beherbergten eine märchenhafte Tierwelt, in der Raubtiere wie Löwen und Leoparden Jagd auf Hirsche und Antilopen machten und sich den Wald mit Bären und Waldelefanten teilten – eine Fauna, die ebenso reich an Wild wie an dessen Fressfeinden war. Im Norden erstreckte sich der Gebirgswald bis nach Syrien, die Zedern wuchsen auch im Südosten der Türkei, im Taurusgebirge, wo es sie immer noch gibt.

Das besondere Schicksal dieses Walds ist auf seine Lage zurückzuführen: genau in der Mitte zwischen Mesopotamien und Ägypten, ein sagenhaft reicher Baumschatz im Herzen des fruchtbaren Halbmonds, der Wiege der Zivilisation. Ägypten und Mesopotamien mangelte es an Holz, vor allem an langen Stämmen, die zum Bau von Tempeln und für Schiffsmasten benötigt wurden. Seit man Werkzeuge aus Bronze herstellen konnte, führte dieser Mangel zu einer besessenen Suche nach großen Bäumen. Heute sind nur noch zwei Prozent der ursprünglichen Waldfläche übrig. Alle antiken Zivilisationen kamen dorthin, um Zedern zu fällen, sodass diese bereits vor Beginn unseres Mittelalters so gut wie verschwunden waren. Indem sie die Zedern abholzte, hat die Menschheit schon in der Frühzeit ihrer Geschichte mit der maßlosen Ausbeutung der Natur begonnen, eine Tragödie, die wir bis heute mit großem Eifer fortsetzen.

Sandra geht uns hangabwärts Richtung Wald voraus, wobei wir an mehreren Exemplaren des Griechischen Wacholders (*Juniperus excelsa*) vorbeikommen, der im östlichen Mittelmeerraum verbreitet ist, mächtige Wachtposten und alterslose Relikte, begehrt aufgrund der Härte und Robustheit ihres Holzes, Material für solide Tempelpfeiler. Wir erreichen den Rand des Zedernwalds – der Anblick der ersten Baumgruppe wirkt wie ein Schock. In ihrer Mitte wurzelt an einer steilen Böschung ein Baumriese, dessen Stamm zahlreiche Äste trägt. Sie sind so dick wie sonst ganze Bäume und wachsen horizontal dem Licht entgegen. In dreißig Metern Höhe entfaltet sich die berühmte flache Krone reifer Zedern, eine wundersame Pflanzenarchitektur, ein Meer von Nadeln, aus dem Hunderte Zapfen ragen. Der Baum erscheint ebenso breit wie hoch, der Wind lässt die Morgensonne durch seine Zweige blitzen. Ich stehe regungslos da, fasziniert lasse ich meinen Blick über Dutzende weitere Zedern gleiten, die rund um den Herrscher dieser Schlucht wachsen. Joumana ist zum Fuß des Baums hinabgestiegen, sie lehnt sich an ihn und breitet die Arme aus, um uns zu zeigen, dass sie den Stamm gar nicht umfassen kann. Sandra erklärt mir, dass die Fachleute des Schutzgebiets einen solchen Baum auf achthundert bis tausend Jahre schätzen. Über das Alter von Zedern wird im Libanon viel diskutiert, schon oft wurden Zahlen in den Raum gestellt und später wieder revidiert, da sie eher identitätsstiftend als wissenschaftlich fundiert sind. Neueste Datierungsmethoden bestätigen jedoch, dass es noch immer Dutzende Zedern im Libanon gibt, die mindestens tausend Jahre alt sind, und einige wenige sogar älter als zweitausend Jahre.

Der Anblick einer riesigen Zeder in Parks oder öffentlichen Anlagen lässt niemanden kalt. Ihre besonders harmonische Silhouette, die beruhigende Rundheit, strahlt eine Kraft aus, die sie zum Inbild der Baumwelt macht. Im Libanon, ihrem Ursprungsort, bedeutet sie noch viel mehr. Eine stille Zusammenkunft mit den Spuren der Geschichte. Ein mit der Landschaft verwachsenes Bruchstück der Schönheit. Immense zwischen Steinen versenkte Wurzeln, die sich vor dem Himmel abzeichnenden Wipfel – der Zauber einer flüchtigen Begegnung, die man der Einsamkeit eines Baums entreißt, der still und leise seinen Weg in die Ewigkeit geht.

Wenige Bäume haben die Fantasie der Menschen so geprägt wie die Zeder, was nicht nur an ihrer besonderen Schönheit liegt, sondern auch an ihrer herausragenden Langlebigkeit und ihrem leichten, gut zu bearbeitenden, fäulnisresistenten Holz. Verantwortlich für ihre Unvergänglichkeit ist ein hoher Gehalt an Harz und aromatischen Verbindungen, die ihr auch den unverwechselbaren, verführerischen Duft verleihen. Als Herrin des Waldes, die über fünfunfvierzig Meter hoch werden kann, dominiert sie die anderen Baumarten. Alle Zivilisationen im Nahen Osten machten sich die prachtvolle Zeder zu eigen – ihre Dominanz und Kraft, den feinen und vor allem haltbaren Geruch – und stilisierten sie bisweilen sogar zur Allegorie des Göttlichen auf Erden. In der Bibel gibt es zahlreiche Verweise, und die Maroniten, eine christliche Gruppe im Libanon, versammelt sich einmal jährlich in großer Zahl, um den Baum zu feiern.

Die Libanon-Zeder (*Cedrus libani*) ist eine der vier Arten der Gattung der echten Zedern. Während die Zypern-Zeder weniger ausladend ist und kürzere Nadeln hat, ist die Atlas-Zeder, die in den Wäldern Algeriens und Marokkos vorkommt, eng mit der Libanon-Zeder vewandt. Die Himalaya-Zeder ist ihr botanisch ferner. Aufgrund des sehr speziellen Dufts werden verschiedenste stark duftende Nadelbäume im angelsächsischen Raum als *cedars* bezeichnet, die jedoch anderen botanischen Familien angehören, wie die Texas-Zeder (*Juniperus mexicana*) oder die Virginische Zeder (*Juniperus virginiana)*, die zu den Wacholdern gehören, Bäume, die unter der Bezeichnung Holzweihrauch zusammengefasst werden, aber ganz verschieden riechen. Für Parfümeure ist der kreidige Geruch der Virginischen Zeder weit entfernt von der Essenz der echten Zeder. Außerhalb des Nahen Ostens entdeckte die Welt die Zedern erst im 16. Jahrhundert durch die Libanon-Reiseberichte des Franzosen Pierre Bellon. Die erste in Europa gepflanzte Zeder – im Jahr 1630 in England – lebt noch heute.

Dank der Romantiker erlangt die Libanon-Zeder im 19. Jahrhundert beachtliche Popularität. Die westliche Sehnsucht nach einer wiederauferstandenen Antike erhebt die Baumart der Bibel, von der nur noch ein paar klägliche Reste übrig sind, in den Rang von Tempelruinen. Nach seiner Rückkehr aus dem Libanon widmet der Dichter Alphonse de Lamartine (1790–1869) der Zeder ein paar Verse, und bald wird sie zum unverzichtbaren Bestandteil prestigeträchtiger Parks. Daher kann man in ganz Europa 150 bis 200 Jahre alte Zedern sehen, prächtige Gewächse, die sich an klimatische Bedingungen angepasst haben, die sich von ihrem Ursprungsland stark unterscheiden. Ihre Verwandte, die Atlas-Zeder, eignet sich, wie sich gezeigt hat, besser zur Wiederaufforstung und wurde in einer Welle der Waldpflanzungen im zweiten französischen Kaiserreich großflächig in Frankreich angesiedelt, wo es heute wunderschöne Zedernwälder gibt, wie beispielsweise am Mont Ventoux. Die Libanon-Zeder ist ein seltener und somit umso wertvollerer Baum geblieben.

Ich lernte Joumana in Paris kennen, wo wir über ätherische Öle aus dem Libanon sprachen. Als ich sie bat, mir bei einer Reise in ihr Land behilflich zu sein, weil ich Gilgamesch begegnen wollte, musste sie lächeln, denn sie verstand nicht auf Anhieb, wie ich das meinte. »Weil er der erste Holzfäller der Geschichte ist«, erklärte ich ganz ernsthaft. Das Gilgamesch-Epos gilt als das älteste literarische Werk der Menschheit. Sein Protagonist war vermutlich König der Stadt Uruk in Mesopotamien und regierte um 2700 v. Chr. Die älteste Fassung der Erzählung geht der Bibel um fast tausend Jahre voraus, und die Entdeckung der Tontafeln, auf denen bereits von der Sintflut die Rede ist, hat viel zum Ruhm des Epos beigetragen. Der schöne und starke König Gilgamesch ist ein tyrannischer Herrscher über sein Volk, weswegen ihm die Götter einen »guten Wilden« zur Seite stellen: Enkidu, der von der Zivilisation noch unberührt geblieben ist. Das zentrale Thema ist Gilgameschs Suche nach Unsterblichkeit. Schmerzvoll wird ihm bewusst, dass auch er zu den Sterblichen gehört, was er schließlich akzeptiert. Gleich zu Beginn wählt Gilgamesch eine schier übermenschliche Herausforderung: Er will den Zedernwald erobern, wozu er dessen Wächter, das Ungeheuer Humbaba, besiegen muss.

Die Zedern spielen in dieser Erzählung eine zentrale Rolle, und die ersten Spuren ihrer Nutzung lassen sich zu Lebzeiten König Gilgameschs nachweisen. Es handelt sich um die frühe Bronzezeit, in der die Menschen lernen, Äxte aus hartem Metall herzustellen. Die Äxte von Gilgamesch und Enkidu hätten hundert Kilo gewogen, heißt es im Text. Das erste Epos der Menschheit thematisiert also die schreckliche Schlacht zwischen der Wildnis und den Menschen, die den Sieg über die Natur als ihre größte Herausforderung begreifen. Man muss den einzelnen Abschnitten der Dichtung folgen, um ihre Tiefe zu begreifen.

Das Vorhaben wird präzise benannt, ebenso die Angst davor. Gilgamesch will den von Humbaba bewachten Wald betreten, Enkidu wiederum erinnert ihn daran, dass er endlos, unheilvoll und finster ist. Doch Gilgamesch fasst sich ein Herz und plant, eine so große Zeder zu fällen, dass ihr Sturz einen Sturm verursacht. Als Enkidu zu bedenken gibt, dass die Götter Humbaba gezeugt hätten, um den Menschen den Handel mit den Zedern zu verwehren, antwortet der König, er werde den Wächter töten, um sich vor der Welt zu beweisen. Nachdem die beiden sich entschlossen haben, die Konfrontation zu wagen, bewaffnen sie sich mit Äxten von märchenhaftem Gewicht, bewältigen einen eigentlich sechs Wochen erfodernden Marsch in drei Tagen und drei Nächten und entdecken den Wald:

Sie kamen zum Stehen und staunten über den Wald.
Wieder und wieder schauen sie auf die Höhe der Zeder.
Wieder und wieder schauen sie auf den Eingang des Waldes.
Dort, wo Humbaba hin und her lief, sind Spuren ausgetreten.

Die Wege verlaufen ganz gerade, und festgetreten ist der Pfad.
Sie besehen den Berg der Zeder, die Wohnstatt der Götter, der Göttinnen Sitz.
Beim Anblick des Berges jedoch reckt die Zeder ihren Reichtum empor,
ihr süßer Schatten ist voller Wonne.[1]

Sie überwinden ihre Angst und mithilfe der Götter überwältigen sie auch das Ungeheuer Humbaba, über dessen Schicksal sie zu entscheiden haben. Humbaba fleht Gilgamesch an:

Gilgamesch, schone mein Leben! Du seist der Herr, wo auch immer ich bin.

Um deinetwillen will ich im Zedernwald wohnen!
Bäume, so viele, als du mir befiehlst, will ich für dich bewachen![2]

Gilgamesch und Enkidu beschließen, das Ungeheuer zu töten, und nehmen seinen Kopf als Trophäe an sich.

---

1 Das Gilgamesch-Epos. Neu übersetzt und kommentiert von Stefan M. Maul, München (Beck), 5. durchgesehene Auflage 2012, S. 84

2 Das Gilgamesch-Epos, a. a. O., S. 86

Dann dringen sie tiefer in den Wald vor, wo Gilgamesch jahrtausendealte Zedern fällt. Die beiden laden sie auf ein Floß, das sie dem Euphrat anvertrauen. So also wird uns unser – gewollter oder erzwungener – Bruch mit der Natur erzählt. Humbaba, Verteidiger der undurchdringlichen und unberührten Wildnis, trägt alle Attribute eines Monsters. Er ist eine unüberwindliche Macht und zerreißt mit seinen Zähnen alle, die sich ihm zu nähern wagen. Eine Figur, in der sich die wilden Tiere des Zedernwaldes widerspiegeln, auch die Elefanten, für deren Waffen die Zähne stehen, die Teil der Kopftrophäe sind. Den ersten Menschen, die sein Holz begehren, erscheint der Wald vor allem gefährlich und beängstigend. Die Götter Mesopotamiens verwehren den Zutritt, als ahnten sie, dass die ersten gefällten Zedern auch der erste Schritt zur Abholzung des gesamten Bergwalds sein würden. Die Rodung dauert schließlich drei Jahrtausende, aber die Götter hatten durchaus Recht, der Wald war gefährlich und würde sich zugleich als sehr verletzlich erweisen. Aus dem Epos entsteht der Mythos um den Baum des Libanon, der als Spielball der Macht gilt, er ist die wertvollste Beute, und sein Holz wird der Mensch bearbeiten, um die Götter mit den allerschönsten Tempeln zu ehren. Gilgamesch ist der erste Holzfäller der Welt, er überschreitet Grenzen und ist damit ein heldenhafter und zugleich erschreckender Räuber. In wenigen hundert in

Ton geritzten Zeilen prophezeit die Erzählung ein wichtiges Element des Menschheitsschicksals.

Joumana weiß, wo im Gouvernement Libanonberg noch Zedern überlebt haben, und führt mich zu den schönsten Exemplaren. Mitte des dritten Jahrtausends v. Chr. existiert Byblos schon seit geraumer Zeit, es ist eine der ältesten Städte der Welt, die durch den Handel mit Ägypten zu Reichtum und Ruhm gelangte. Zur Zeit des Königs von Uruk (weit entfernt im Osten) werden von dieser Küstenstadt aus bereits große Mengen an Zedernstämmen nach Ägypten verschifft. Joumana will mir unbedingt die am Stadtrand gelegene Jaj-Brücke zeigen, eine ganz normale Brücke, die so gar nichts Antikes hat. Sie überspannt ein recht tiefes Tal, durch das im Frühling der Fluss Adonis fließt, der aus dem 2000 Meter höher gelegenen Jaj kommt. Die Zedern, die diese Hänge bedeckten, versorgten Ägypten 2000 Jahre lang mit Holz. Die Stämme wurden in Jaj in den Fluss geworfen, der mit der Schneeschmelze stark genug anschwoll, um sie nach Byblos zu transportieren. Die Brücke, die den Namen dieser Wälder behalten hat, bewahrt somit die Spuren einer sehr alten Geschichte.

Wir steigen zu den Zedern des Jaj-Schutzgebiets empor. Die Straße steigt an und ermöglicht uns bald einen spektakulären Blick auf das Mittelmeer und die Stadt unter uns. Die letzten Serpentinen geben den Blick auf eine erstaunlich steinige Landschaft frei, weißer Fels, Geröll, Schotterhänge. Als wir uns dem Reservat nähern, tauchen die Zedern als große grüne Flecken auf der weißen Bergflanke auf. Die Bäume stehen in Gruppen oder isoliert, nah und fern, und man ahnt, dass einige sehr hoch sein müssen, Kolosse, die aufs Meer blicken. Ein märchenhaftes Schauspiel, diese Zedern mit ihren ausladenden Ästen, die an den steinigen, im Sonnenlicht blendend hellen Hängen wurzeln. Wir erreichen eine Ebene, auf der einige Dutzend riesige Zedern stehen, die uns die Sprache verschlagen. Dazwischen steht eine kleine Kirche mit einer Glocke.

Wir sind schon ein paar Stunden rund um Jaj unterwegs, und auf den Pfaden können wir uns auch jenen Zederngruppen nähern, die zwischen Felsspalten verloren scheinen. Manche sind beeindruckend groß. Die Stämme dieser isolierten Exemplare, die die Zeit überdauert haben, sind an der Basis bis zu drei oder vier Meter dick, was ganz und gar ungewöhnlich und sonst nur bei den größten Tropenbäumen anzutreffen ist. Ich steige einen Hang hinab, um mich einem dieser Giganten zu nähern, und die Steine, die ich lostrete, machen in der flirrenden Luft ein klimperndes Geräusch. Überall auf dem Zedernberg spielt die Stille mit der Zeit. Bei der Begegnung mit tausend Jahre alten Bäumen schlägt das

Herz schneller, und die Zeit verlangsamt sich. Ich lehne mich stehend an den Riesen, die Steine schweigen, und nur der Wind rauscht leise. Um den Baum herum liegen abgebrochene Äste, ein Hinweis auf die starken Schneefälle im letzten Jahr. Am hellen Holz an der Spitze dieser dicken Äste ist Harz zu sehen, dessen balsamisch-süßen Duft der Wind verbreitet. Wie hat diese Landschaft vor zwei- oder dreitausend Jahren ausgesehen? Warum wurden einige Bäume verschont und sind noch heute da? Tatsächlich ist es schwer vorstellbar, dass Holzfäller sich in derartige Steilhänge gewagt haben. Vermutlich war es also gerade die Unmöglichkeit, Stämme von hier wegzutransportieren, die diese Wächter vor der Abholzung bewahrt hat. Dieser Baum hier mag nicht alt genug sein, um die Rodungen des Altertums miterlebt zu haben, aber vielleicht alt genug, um zu beobachten, wie die Kreuzfahrer sich an der Küste des Heiligen Landes austobten.

Wir kehren zu der kleinen Kapelle zurück. Die Eingangswand schmückt ein steinerner Bogen mit einer schönen Glocke, an der ein Seil für alle hängt, die sie läuten wollen. Joumana macht sich daran, sie kennt den richtigen Rhythmus. Die Apothekerin, die schon in Kanada gelebt hat, aber nun im Libanon bleiben will, legt fürs Läuten den gleichen Enthusiasmus an den Tag wie für die Düfte ihres Landes. In dem mächtigen Klang, der zu den Gipfeln aufsteigt, glaube ich ein Lied zu vernehmen: Läutet die Glocken für die überlebenden Zedern, läutet sie für deren Duft im Wind, läutet die Glocken für ein Land, das nicht vergessen werden möchte, und für alle Libanesinnen und Libanesen, die grüne Zedern auf weißen Steinen gedeihen sehen wollen.

Fast zweitausend Jahre lang werden die Zedern von Jaj zu Flößen zusammengebunden und über das Meer bis zur Nilmündung transportiert, wo sie im ägyptischen Reich eine wichtige Rolle spielen: Das bevorzugte Material für Tempelsäulen wird auch zum Holz des Jenseits. Eine prägende archäologische Entdeckung war die des prachtvollen, fast vierzig Meter langen Bestattungsschiffs von Cheops aus der Zeit um 2500 v. Chr. Es war in sorgfältig geordnete Teile zerlegt und bestand fast ausschließlich aus Zedernholz, dessen Geruch bei der Öffnung des Grabs noch immer wahrnehmbar war. Es markiert den Zeitpunkt, zu dem Zedern für den Schiffsbau entdeckt wurden, eine Nutzung, die während des Kriegs zwischen Griechen und Persern ihren Höhepunkt erreichte. Auch für exquisites Mobiliar wurde es genutzt, wie im Grab von Tutanchamun, und auch hier spielt der Duft für die Auswahl eine zentrale Rolle. Die Ägypter haben sehr früh entdeckt, wie haltbar dieses Holz ist, und dies zu Recht auf seinen Duft zurückgeführt. Das Zedernharz war in unterschiedlicher Form ebenfalls sehr begehrt und wurde in Mischungen für die Einbalsamierung genutzt. Die Noblesse des Holzes, das Könige auf dem Weg in die Ewigkeit begleitete, erklärt die Verehrung für den Baum, die mit Gilgamesch begann und die alle Zivilisationen des Nahen Ostens ihm entgegenbrachten. Es ist schwer zu beziffern, welche Mengen von Zedern vor so langer Zeit geschlagen wurden. Die überwiegende Mehrheit der Textzeugnisse vor der Ankunft der Römer in der Levante rühmen beeindruckende Wälder mit in den Himmel ragenden Bäumen – das muss noch die Zeit der Unerschöpflichkeit gewesen sein. Das erste Jahrtausend ist die Blütezeit der phönizischen Zivilisation, mit ihrem beachtlichen Einfluss und ihrem Geschick, die Zedern im gesamten Mittelmeerraum zu handeln, und zugleich das Zeitalter der großen Entwaldung. Was nicht am Handel allein lag, denn auch alle in dem Gebiet aufeinander folgenden Invasoren wollten sich die Zedern aneignen, ob mit Waffengewalt oder in Form von Tributzahlungen, die den besiegten Königen auferlegt wurden.

In jedem Fall jedoch bleibt die Zeder als Edelholz den Eliten vorbehalten und findet ihre Bestimmung im Bau von Schiffen, Tempeln und Palästen.

5.

Das Parfum Salomos

Neben dem Gilgamesch-Epos ist es auch die Erzählung vom Bau des Salomonischen Tempels, die der Zeder zu ihrem bleibenden Renommee verhilft. Die Bibel schildert sehr detailliert, wie der große König das vollendet, was seinem Vater David nicht gelungen war: die Errichtung eines Tempels und eines Palasts in Jerusalem. Der ehemalige Direktor der Nationalmuseen in Beirut, Hareht Boustany, hat mir erzählt, wie ein Arbeiter 1973 beim Bau einer in die Berge führenden Straße einen eigenartigen Baumstumpf entdeckte. Vor Ort war dem Museumsdirektor sofort klar, dass es sich um sehr alte Überreste handeln musste. Er erinnerte sich, wie er ihn anschnitt und aufgrund des Geruchs sofort als Zeder identifizierte. Analysen zeigten dann, dass der Stumpf von etwa 900 v. Chr. stammt und die Zeder tatsächlich eine Zeitgenossin der Bäume gewesen sein könnte, die für Salomo gefällt wurden. Auch als

Museumsexponat behielt sie – wie Cheops' Schiff – noch ihren Geruch.

In den biblischen Schilderungen mischen sich ohne Zweifel Realität und Legenden, doch die Episode um 970 v. Chr. ist bereits nah genug an unserer Zeit, um sie auf eine solide historische Basis stellen zu können. Der Erfolg von Salomos ehrgeizigem Bauprojekt ist auf die Möglichkeit der Beschaffung von Zedernholz und die Fähigkeiten eines phönizischen Architekten und Baumeisters zurückzuführen. Die Bibel berichtet, dass Salomo Hiram, den König des benachbarten Tyros, um die Lieferung großer Mengen von Zedern bat. Niemand in Judäa, schreibt er an Hiram, könne so gut Bäume schlagen wie die Phönizier, und er bietet 30 000 Arbeiter an, die bei der Fällung der Zedern und Wacholderbäume helfen könnten, die Hiram dann auf den Weg nach Jerusalem bringen soll. In der Bibel wird häufig zu übertriebenen Zahlen gegriffen, um die Bedeutung eines Ereignisses zu unterstreichen, und die 30 000 Arbeitskräfte stehen vor allem für den immensen Aufwand. In der Beschreibung des Tempels und der königlichen Wohnräume nehmen die Zedern eine prominente Rolle ein, ein wahrer Säulenwald, Deckenbalken und Wände, die zur Gänze mit Zedernholz verkleidet sind, das seinen Duft verströmt. Den Status des erwählten Baums, den die Bibel ihr zuschreibt, behauptet die Zeder in zahlreichen Textstellen. In den Psalmen (104–116) heißt es, der ewige Gott habe die Zedern des Libanon gepflanzt und die Vögel würden darin nisten. Doch das Buch der Bücher erinnert auch daran, dass Gott sie brechen kann, und die Gleichnisse von der Zerstörung des Baums durch Feuer sollen zeigen, dass auch Mächtige stürzen können. Noch lange nach Gilgamesch bleibt die Zeder ein Bindeglied zwischen den Menschen und dem Göttlichen.

Die Bäume, die Hiram fällen ließ, stammten aus den Wäldern von Chouf, im Süden des Bergmassivs, den letzten vor der heutigen Grenze zu Israel. Heute bewahrt das al-Chouf-Naturreservat die ausgedehntesten Vorkommen von Libanon-Zedern, eine Mischung aus sehr alten Bäumen und frischen Nachpflanzungen. Vor Ort erschüttert mich der Anblick der Zedern von Maazer und Barouk zutiefst, an diesem besonderen Ort, wo einige Dutzend Bäume überlebt haben, die so imposant aussehen, dass sich die Frage nach ihrem Alter erübrigt. Einen der ältesten und schönsten hat man nach Lamartine benannt, als Zeugnis der Frankophilie in Libanon und als eine Hommage an den Dichter. Höchst beeindruckt von seiner Reise in den Orient, notiert Lamartine bei seiner Rückkehr, die Zedern des Libanon seien die berühmtesten Naturdenkmäler des Universums, und in seinem *Chor der Zedern des Libanon* wird er sehr lyrisch:

Die Dichter, Weise, fromme Heilige,
Sie werden Stimmen, Wasserrauschen ähnlich,
In unsern Blättern hören, uns zu Füßen,
In unserm Schatten, unsrer Zweige Murmeln
Die herrlichsten Gesänge lieblich dichten.[3]

Am Rand einer Felswand hat die Lamartine-Zeder ihr Höhenwachstum bei sechs oder sieben Metern eingestellt und sich ganz auf ihre horizontale Entwicklung konzentriert. Nun bilden ihre riesigen Äste eine Krone von zwanzig Metern Spannweite und verdecken den Fels, in dem sie seit zweitausend Jahren wurzelt. Unterhalb wiegen sich die Zweige anderer Zedern wie die Wellen eines aufgewühlten Meeres, sie sind übersät von Zapfen, und Grün mischt sich mit dem bläulichen Farbton einiger Exemplare. »Unsrer Zweige Murmeln«: Wie in Ehden und Jaj bewegt der Wind, seit endloser Zeit Gefährte der Bäume, sanft ihre Äste.

Jedes Mal, wenn ich mit Joumana in den Zedernwäldern unterwegs bin, stelle ich mir dieselbe Frage: Wie haben die Holzfäller, deren Arbeit man in Form vollkommener Säulen und Balken, prächtiger Portale und schlanker

---

3 Lamartine, Alphonse de: A. von Lamartine's sämmtliche Werke. 6, »Der Fall eines Engels« übers. von G. Herwegh, Rieger 1840, S. 33, www.digitale-sammlungen.de/view/bsb11718808?page=50%2C51

Schiffe wiederfand, im Lauf dieser Jahrtausende gearbeitet? Ich versuche zu verstehen, wie es den Menschen in diesen steilen Hängen – in der Antike mit ihren begrenzten technischen Möglichkeiten – gelungen ist, diese kolossal großen Bäume zu fällen, zu entasten und zu Land und zu Wasser zu transportieren. Es gibt zwei Quellen, die etwas über die Zedernnutzung aussagen und uns beim Verständnis helfen. Im Louvre findet sich das Fries von einem Holztransport, ein Flachrelief von 700 v. Chr., das die Arbeitsschritte beschreibt. Man sieht darauf Männer in den Bergflanken, die mithilfe von Seilen bereits zu Balken zersägte Stämme aus dem Wald ziehen. Das Holz wird dann auf Ruderboote geladen, übers Wasser transportiert und schließlich entladen und aufgestapelt. Darüber hinaus gibt es noch eine Grafik von Gustave Doré von 1865, eine seiner Bibelillustrationen, betitelt mit »Die Zedern des Libanon für den Bau des Tempels«. Er zeigt Hirams und Salomos Männer bei der Arbeit im al-Chouf-Wald und ist faszinierend realistisch, als habe der Illustrator die Szene tatsächlich miterlebt. Die Darstellung der riesigen Bäume mit ihren vielen Ästen folgt getreu dem, was Lamartine bei seinem Besuch gesehen hat. Im Hintergrund zieht eine große Zahl von Arbeitern an Seilen, um so offenbar einen der Baumriesen zum Umstürzen zu bringen. Im Zentrum stehen zwei riesige Karren mit hohen Rädern, auf die man zwei mächtige

Stämme geladen hat. Auch die breiten Baumstümpfe, deren kräftige Wurzeln sich in einen augenscheinlich steinigen Hang gegraben haben, hat Doré in Szene gesetzt. Die Karren werden von Gespannen aus Rindern und Pferden gezogen. Die Holzfäller haben sich ihre Äxte über die Schultern gelegt oder ruhen sich aus, unterhalb entasten Männer dicke Zedernstücke, die Aufseher zu Pferd scheinen den Abtransport der Stämme auf den Karren zu überwachen. Alles auf dem Bild lebt und bewegt sich, es könnte auch die Anfangsszene eines Films sein. Der Künstler hatte einige Stiche von Landschaften mit Libanon-Zedern vom Ende des 18. und der Mitte des 19. Jahrhunderts zur Verfügung, außerdem Darstellungen von Forstarbeiten aus Europa. Eine schönere imaginäre Dokumentation der Zeit der Zedernholzfäller kann man sich schwer vorstellen.

Im Lauf dieses bewegten phönizischen Jahrtausends hinterlassen nach Salomo viele weitere große Gestalten der Antike ihre Spuren im Wald. Nebukadnezar, der berühmt-berüchtigte Babylonier, erobert Phönizien und rühmt sich, mit seinen eigenen Händen Zedern gefällt und dem Gott Marduk geopfert zu haben. In seiner Prophezeiung zu Babylon nimmt Jesaja das Ende des Mannes, der die Juden deportierte, vorweg und lässt die Bäume ausrufen:

Die ganze Erde ist zur Ruhe gekommen, sie wurde still. Sie brachen in Jubel aus. Auch die Zypressen, die Zedern des Libanon freuten sich über dich: Seitdem du daliegst, kommt keiner mehr herauf, um uns zu fällen. (Jesaja 14,7–8)

Darauf folgen die Perser, die den Griechen mit einer Flotte von 1200 mit dem Holz aus Sidon gebauten Schiffen entgegentreten, und auch die Griechen bauen mit phönizischem Holz die Flotte, mit der sie die Perser bei Salamis besiegen. Nach diesen Jahrhunderten einer offensichtlich grenzenlosen Ausbeutung konstatiert der römische Kaiser Hadrian bei einem Besuch in Byblos einen derart desolaten Zustand der Wälder, dass er die Aufstellung von Markierungssteinen befiehlt, in die gemeißelt ist, dass eine Entnahme von Bäumen allein unter seinen Zuständigkeitsbereich fällt. Zu Beginn des 6. Jahrhunderts verblasst der Ruhm der Zedern, als der christliche Kaiser Justinian sich beklagt, es seien für den Dachstuhl der Basilika Santa Maria in Jerusalem kaum mehr ausreichend große Bäume zu finden – das symbolische Ende der dreitausendjährigen Geschichte der Zedernwälder.

In den Jahrhunderten der modernen Zeit setzt sich der lange Niedergang der Wälder bis zu ihrem Quasi-Verschwinden fort. Mit dem Siegeszug des Islam ändert sich die Nutzung, das Bevölkerungswachstum erfordert immer mehr Holz für die Dörfer der Viehzüchter, die sich in den Bergen niederlassen, man braucht Holzkohle, Kalköfen, Brennstoff, Behausungen. Die vier Jahrhunderte der ottomanischen Präsenz sind durch die rasche Ausbreitung der Ziegenzucht gekennzeichnet. Ziegen fressen sämtliche Sprosse junger Pflanzen ab, Bäume eingeschlossen. Für die Regeneration der Wälder ist das eine stille Katastrophe. In Marokko wie im Libanon sind Ziegen dafür verantwortlich, dass keine jungen Bäume nachkommen können und der Boden ehemaliger Wälder kahl bleibt. Die Überweidung zu unterbinden ist wegen Konflikten mit der Dorfbevölkerung schwierig, und man versucht es erst seit kurzer Zeit.

Ein Bewusstsein für den besorgniserregenden Rückstand bei der Wiederaufforstung hat sich offenbar erst erstaunlich spät entwickelt. In der schonungslosen Verlegung von Eisenbahntrassen bis zum Zweiten Weltkrieg zeigt sich vielmehr eine tiefe Gleichgültigkeit gegenüber den Zedern. Tatsächlich wird der Baum bereits seit dem 19. Jahrhundert als ein Relikt aus alten Zeiten betrachtet, und erst in den letzten Jahrzehnten scheint sein Schicksal als lebender Baum wieder Interesse auf sich zu ziehen. Dabei beschäftigte sich bereits der französische Naturforscher Pierre Belon zur Zeit der Renaissance während seiner bahnbrechenden Reise in den Libanon mit der Zählung der überlebenden alten Bäume im Refugium

Bischarri. Dieses kleine Stück Land ist eine Hochburg der maronitischen Christen des Libanon und ein Muss für Touristinnen und Touristen, die die »Zedern Gottes« sehen möchten. Auf einem Dutzend Hektar Fläche stehen mehr als 300 besondere Bäume, die durch eine von Königin Victoria finanzierte Mauer streng geschützt werden. Für den Libanon ist Bischarri so etwas wie das Flaggschiff der Zedernflotte des Landes. Der Baum, der die Nationalflagge ziert, ist heute auf etwa ein Dutzend Naturreservate beschränkt, die weniger als zwanzig Quadratkilometer umfassen, traurig angesichts seiner Vergangenheit, vielleicht aber eine Chance, wenn man an seine Zukunft und diejenigen denkt, die dafür den Weg bereiten.

Sandra und Joumana sind friedliche Kämpferinnen, unermüdliche Botschafterinnen der Belange dieses Baums und seines Dufts. In Ehden lassen wir uns am Fuß einer riesigen Zeder nieder, wo Sandra mir aus ihrem Leben erzählt. Schon seit fünfundzwanzig Jahren stellt die Agrarwissenschaftlerin ihr Waldwissen in den Dienst des Naturreservats. Es sei ihr viertes Kind, sagt sie voller Stolz auf das Ergebnis der beharrlichen Wiederaufforstungsbemühungen ihres Teams. Die ersten Zedern hat sie 2013 gesät und freut sich daran, dass die jungen Bäume genauso langsam wie entschlossen wachsen. Das Gleiche trifft auf den Wacholder zu. Man könnte sagen, Bäume werden umso wertvoller, je schwerer sie keimen und je langsamer sie wachsen, als wüssten sie, dass man nur dann tausend Jahre alt werden kann, wenn man sich die Zeit nimmt, sehr starke und tiefe Wurzeln zu schlagen.

Sandra steckt viel Energie in den Aufbau von Baumschulen und die Zucht Zehntausender Jungbäume. Waren es vor zehn Jahren noch sechstausend Exemplare pro Jahr, sind es inzwischen fünfzigtausend. Innerhalb des Reservats ist ihr Projekt äußerst ehrgeizig: 140 Hektar kahle Berge will sie mit 100 000 Zedern, Wacholdern, Tannen und Eichen aufforsten. In einem instabilen Land bekommt sie dafür wenig Mittel und Ressourcen, und so zählt jede Besucherin, jeder Besucher, und bei jeder Spende wird ihr warm ums Herz. Heute leitet sie eine Kooperative mit zehn Baumschulen und ist Vorsitzende des »Nordkorridors«. Unter diesem Namen haben sich zwölf Ortschaften zusammengeschlossen, um zwischen den einzelnen Schutzgebieten im Norden einen durchgehenden Zedernwald wiederherzustellen. Eine ähnliche Initiative gibt es auch im Süden, und beide haben sich in der Lebanon Reforestation Initiative zusammenschlossen. Diese von den USA unterstützte Nichtregierungsorganisation hat als erste den eigentlichen Ehrgeiz formuliert, der alle Zedernfans verbindet: durch die Pflanzung von Millionen Bäumen entlang des hundert Kilometer langen Kamms des Libanongebirges den geschlossenen Zedernwald wiederherzustellen – von Tannourine und Bischarri im Norden bis Barouk im Süden. Verkleinert und zerstückelt verlieren Wälder schnell ihren natürlichen Charakter, das Wilde weicht dem Domestizierten, die Tiere wandern ab, weil ihr Habitat zum Park wird. Gelänge eine durchgehende Aufforstung, wäre das nicht nur die Wiedergeburt des verlorenen großen Waldes, sondern auch von großer Symbolkraft für Libanon, dessen Stolz auf seine Zedern ebenso immens ist wie die politischen Konflikte, die ihn zu zerreißen drohen. Die jungen Försterinnen und Förster, die ich dort getroffen habe, machen sich um die Realisierung ihres Traums große Sorgen, und dennoch arbeiten sie alle in ihrem Bereich daran mit, ein Teilstück der großen Waldkette zu pflanzen. Eine bescheidene Initiative in den Bergen eines kleinen Lands, und doch ein großartiges Sinnbild dessen, was man nach und nach in allen Wäldern dieser Welt versucht: die Wiederherstellung verloren gegangener Kontinuität.

Joumana hat elf Jahre im Exil in Kanada verbracht, bevor sie in den Libanon zurückkehrte, den sie aus der Ferne geliebt und in Gedichten verewigt hat. In ihrer Melancholie, für die auch die Zeder auf der Nationalflagge steht, hat sie den Duft des Jasmins und des Mittelmeers bewahrt. Zurück im Libanon wurde sie Aromatherapeutin und ist dank ihrer Begeisterung für ätherische Öle überzeugt davon, dass ihr Land für die Parfümherstellung viel zu bieten hat. Seit jeher werden im Libanon Orangen- und Rosenblütenwasser und Lavendelessenz hergestellt, Salbei, Thymian und Oregano angepflanzt, und nach Joumanas Ansicht gäbe es noch viel mehr zu erreichen. Sie motiviert kleine Destillerien, unterstützt deren Vernetzung und nutzt ihre Kontakte, um den Export der Essenzen zu fördern. In Paris hatte ich ihr erzählt, dass für mich das Zusammentreffen der Königin von Saba mit Salomo die Geburt der Parfümerie darstellt, durch die Vereinigung von Weihrauch und Zedernholz, die beiden ersten Parfums der Menschheit. Diese Geschichte beeindruckte sie sehr, und so machte sie sich auf die Suche nach den Zedern. Bald verfiel sie dem Zauber des Alters, der Schönheit und Kraft der überlebenden Bäume und entwickelte eine besondere Neigung zu ihrem Duft. Nadeln und Harz versetzen Joumana in ein Labyrinth olfaktorischer Erinnerungen, in dem sich Schränke, skandinavische Holzhäuser und Zigarrenkistchen aufspüren lassen. Der erste Duft der Zeder stammt vom Harz, er ist stark, aromatisch und süßer als der von Pinien. Wenn die Zedernzapfen nach zwei Jahren am Ast reif werden, öffnen sie sich und geben ihre Samen frei. Presst man die Spitzen dieser Samenschuppen zusammen, bleibt an den Fingern ein Harz kleben, das wie ein Konzentrat des Holzdufts wirkt. Es ist überall, in Gallen oder Spalten am Stamm, auf den abgebrochenen Ästen. Sobald es im Sommer warm wird, zirkuliert sein Geruch zwischen den Bäumen. Aufgrund seiner heilenden oder pharmazeutischen Eigenschaften war Harz zur Insektenabwehr und zur Konservierung von Papyrus sehr begehrt. Außerdem verwendete man es in der Antike als eine Art Pech zur Abdichtung von Schiffen. Zur Gewinnung ritzte man entweder den Baum an, damit das Harz herauslief, oder man erhitzte das Holz in Öfen, bis es austrat.

Der Anblick ist einzigartig. In Barouk ist eine Zeder durch das Gewicht des Schnees, von dem im letzten Winter ungewöhnlich viel gefallen war, praktisch in zwei Hälften gespalten worden. Die Zweige am Boden sind selbst dick wie Bäume, der Riss in einem von ihnen so breit, dass Joumana ihren Kopf hineinschieben kann. »Dieser Geruch ist unglaublich, aus unserem Zedernholz muss unbedingt ein ätherisches Öl gewonnen werden!«, ruft sie. Ich nähere mich dem zwischen den hellen Holzfasern klaffenden Spalt, worauf der Geruch mir zuerst in die Nase und dann ins Hirn steigt. Man ist berauscht von diesem natürlichen Destillierkolben, in dem der Duft Hunderter Jahresringe vom Vergehen der Zeit im Gebirge erzählt. Aus den libanesischen Zedern wird kein ätherisches Öl gewonnen, weil ihre Fällung selbstverständlich verboten ist und die Reservate eine Politik des »Naturwalds« betreiben, das heißt, dass nichts entnommen werden darf, auch keine abgebrochenen Äste oder toten Bäume. Der hartnäckigen Joumana ist es gelungen, einen toten Baum aus Privatbesitz zu kaufen und aus dem Holz ein Destillat herzustellen. Sie berichtet mir von ihrer Freude, als sie die ersten Dämpfe roch, die um den Kolben waberten, den frischen und zugleich intensiv aromatischen Harzduft. Die Späne ihres ersten Produktionsversuchs duften noch immer, Hinweis auf eine unvollständige Destillation. Entmutigt hat sie das nicht, sie hat sich bereits auf die Suche nach weiterem Holz gemacht und plant Experimente mit Holzmehl statt mit Spänen. Sie will, dass die Zeder ihren Weg von der Landesflagge in die Welt findet, wo sie überall die Quintessenz ihres Dufts verbreitet.

In Barouk und Maazer entdecken wir beeindruckend weitläufige Areale junger Zedern, das Ergebnis erster erfolgreicher Pflanzungen. Manche stehen so dicht, dass man sie schon hätte durchforsten müssen. Zusammen mit Joumana inspizieren wir sie: In einigen Jahren wird Libanon vom strengstmöglichen Schutz bereits zu einer maßvollen Waldwirtschaft übergehen können. Für die gefällten Jungbäume braucht es eine sinnvolle Verwendung, und wäre Parfum nicht vielleicht die beste?

Bevor ich das Land Gilgameschs verlasse, besuche ich den Jupitertempel, das römische Wunderwerk in Baalbek. Vor einer 25 Meter hohen Säulenhalle stehend lerne ich, dass die Römer die Säulen aus rosa Granit aus Ägypten kommen ließen. Ich betrachte sie, wie sie sich vor dem Himmel abzeichnen, und dabei verwandeln sie sich in Bäume, in Zedern aus Granit – sie sind ein Geschenk Ägyptens an den Libanon in Form einiger prachtvoller Stämme aus Stein, eine Anerkennung für Tausende von Schiffen, die ihre Holzladungen nach Süden trugen. Als hätten die Pharaonen es insgeheim bedauert, die unübertreffliche Schönheit der Zedern, diese von der Natur auf dem Berg Libanon errichteten überwältigenden Säulen, die die Mutter aller Wälder formten, nur in Stein nachahmen zu können.

Unsterblichkeit hat Gilgamesch nicht errungen, doch die Zedern hat er erobert. Innerhalb von dreitausend Jahren haben seine Nachfolger, ausgerüstet nur mit Äxten, rudimentären Sägen, Karren und Ochsen, einen unvergleichlichen Wald vernichtet. Im Erfolg des Menschen als Holzfäller spiegelt sich sein absolutes Versagen als Baumpflanzer. Im Lauf von 1500 Jahren, davon ein Jahrhundert voller technologischer Errungenschaften, haben sich die Menschen als unfähig erwiesen, den Wald zu bewahren oder Brachland wieder aufzuforsten, schlimmer, sie haben ihm nicht einmal die Chance gelassen, sich selbst zu regenerieren. Die im Libanongebirge sich wie vereinzelte Stecknadelköpfe auf dem Weiß der Steine abzeichnenden Zedern können Sandra und Joumana auf ihrem Weg, der über die Pflanzung oder die Destillation von Essenzen führt, nicht entmutigen. Sie sind bereit, ihre Stimme für eine Renaissance der Zedern zu erheben, und ihr Engagement sollte der Menschheit, die doch so gerne Bäume sieht und riecht, die Augen öffnen.

6.

Die Buche als Wächterin

Die lange Geschichte der westlichen Wälder hat den Baum in unserer Zivilisation fest verankert: heilige Bäume in der heidnischen Welt, von Geistlichen als Hüter über Kirchen, Klöster oder Friedhöfe eingesetzte Bäume, Bäume als Träger der Erinnerung in der bäuerlichen Welt. Bäume, die zur Feier der Geburt gepflanzt werden, Maibäume, Freiheitsbäume. Verehrt wegen ihrer Größe, ihrer Form, ihres Alters, ihrer Schönheit oder ihrer Früchte. Alle Länder oder Provinzen, alle Kulturen haben bestimmte Bäume mit Bedeutung aufgeladen. Schon immer werden in unserer Zivilisation Eiben, Eichen, Olivenbäume, Ulmen, Linden oder Tannen mit unterschiedlichsten Bräuchen verbunden. Es ist ein uraltes Bedürfnis, das in der Tradition der biblischen Zedern steht und auch durch das Christentum nicht unterdrückt werden konnte. Die Buche ist für mich der Baum, der die Identität der europäischen Wälder prägt. Sie steht für den Übergang der ursprünglichen zur industriellen Welt und erhält die Erinnerung an den Ur-Wald am Leben.

Die Buche, eine große Art, kommt überall in den gemäßigten Breiten Europas vor und ist der zweithäufigste Laubbaum in Frankreich. Im kollektiven Bewusstsein und wenn von unseren Wäldern und ihrer Geschichte gesprochen wird, ist sie weniger präsent als die Eiche. Dabei ist sie ein Relikt der letzten Eiszeiten. Innerhalb weniger Jahrtausende hat die Buche unseren Kontinent von der Ukraine bis nach Spanien mit Wäldern mittlerer Höhe überzogen. Nie ist sie schöner als in einer Mischung mit Tannen auf den unteren Ausläufern der Gebirge. Ihr Stamm kann majestätische vierzig Meter hoch werden, ihre glatte graue Rinde harmoniert perfekt mit dem zarten Grün ihres dichten Laubs, das von kräftigen, formschönen Ästen getragen wird. Dieser bemerkenswerte Baum ist zwar nicht ganz so langlebig wie die Eiche, doch in einer Welt ohne Holzfäller könnte er drei- bis vierhundert Jahre alt werden. Buchen sind ausgesprochen anpassungsfähig und haben sich auch in der Ebene angesiedelt, wo sie wunderschöne hohe Baumgrupppen bilden, die sich im Herbst gelb und golden färben. Überall sind wir von Buchen umgeben, in Wäldern, am Feldrand, sie stehen als Solitäre oder in Parks, wo die Rotbuche uns verzaubert. Aufgrund ihrer Häufigkeit und der Qualität ihres Holzes werden sie seit dem Mittelalter kontinuierlich genutzt, inbesondere wegen ihres Rufs, hervorragende Holzkohle zu liefern. Die Buche als hieratische Wächterin ist ein bedeutendes Opfer der Ausbeutung der europäischen Wälder, aber noch immer da, um davon Zeugnis abzulegen.

Zu Zeiten des Römischen Reichs ist von den Wäldern des Libanon bereits nicht mehr viel übrig, und es beginnt ein neues Zeitalter, die Ära der Konfrontation zwischen den Bäumen und der sich ausbreitenden Zivilisation und des Christentums. Mit der Entstehung der sogenannten modernen Welt etwa ab dem Jahr 1000 werden die Wälder des Westens zum Gegenstand einer Welle der Ausbeutung. Die massive, unregelmäßige, aber kontinuierliche Entwaldung wird bis ins 19. Jahrhundert andauern. Erst dann stellt man mit Schrecken fest, dass die Holzressourcen so gut wie erschöpft sind, sodass an der Steinkohle als neue Energiequelle einer nunmehr unersättlich gewordenen Industrie kein Weg mehr vorbeiführt. Was die westliche Welt seit Beginn des modernen Zeitalters mit ihren Wäldern angestellt hat, ist die beschleunigte Nachahmung der sehr viel langsameren Entwicklung im Nahen Osten. Dreitausend Jahre lang hat man Zedern gefällt, bevor die als Balken tauglichen Stämme ausgingen, tausend Jahre genügen, bis man in Europa im 17. Jahrhundert feststellt, dass für den Schiffsbau keine großen Bäume mehr vorhanden sind.

Die Geschichte der Entwaldung im römischen Gallien und späteren Frankreich illustriert das Schicksal der europäischen Wälder zu Beginn des modernen Zeitalters. Das Land ist zu drei Vierteln von der mythischen *sylve* bewachsen, einer richtigen Walddecke, einer dichten physischen Barriere, tief, gefährlich und nicht selten unüberwindlich, absolut wild und scheinbar endlos. Ein immenser Urwald, eine Mischung aus Eichen, Buchen und anderen Laubbäumen in der Ebene sowie Nadelbäumen in den Höhenlagen. Die Wälder sind von Tieren bevölkert, wurden aber bereits zur Holzgewinnung von den Galloromanen genutzt, aber auch, um Licht ins Dunkel zu bringen und Weideflächen zu schaffen. Im Jahr 800, unter Karl dem Großen, hat der ursprüngliche Wald bereits ein Viertel seiner Fläche verloren. Das Jahr 1000 markiert die Ausbreitung von Abteien, deren Mönche in unermüdlicher Pionierarbeit die Wälder zugunsten des Nutzpflanzenanbaus und der Tierhaltung zurückdrängen. Um das Jahr 1300 sind die großen, früher undurchdringlichen Waldgebiete bereits zerstückelt, die Habitate verändern ihren Charakter.

Wie Kaiser Hadrian auf seine Art am Berg Libanon, schlägt der französische König Philip VI. angesichts der neuzeitlichen Entwaldung Alarm. Mit seiner *Ordonnance de Brunoy* von 1346 erlässt er eine Art Forstgesetzbuch, das die Nutzung der Wälder reglementiert. Der Text, ein früher Vorläufer unserer Nachhaltigkeitskonzepte, empfiehlt, dafür zu sorgen, dass der Wald auf Dauer »in gutem Zustand erhalten wird«. Diese ganz nüchterne Erkenntnis belegt, wie weit die Menschheit zu diesem frühen Zeitpunkt in ihrer Geschichte schon mit der Zerstörung des Waldes gekommen ist. Das Bevölkerungswachstum seit dem Mittelalter beschleunigt die Rodungen noch, und nur Kriege, die Pest oder Hungersnöte können sie zwischenzeitlich ausbremsen. Der Erlass von Brunoy markiert die Geburt der Idee von Forstwirtschaft, nämlich der Überlegung, wie man langfristig das Beste aus den Wäldern herausholen kann. Es ist der Entwurf eines Nichtangriffspakts zwischen dem wilden Wald und dem modernen Menschen. Mit immer weiter steigendem Holzbedarf erweist sich eine kontrollierte Bewirtschaftung als unerlässlich, die sich in den Reformen Colberts im 17. Jahrhundert niederschlägt. Der Minister Ludwigs XIV. verfügt einen rigorosen Schutzstatus für ein Viertel der königlichen Wälder und ordnet spezielle Pflanzungen großer Bäume an, die für den riesigen Bedarf des Königs an Handels- und Kriegsschiffen bestimmt sind. Doch der Bevölkerungsdruck und die zivilisatorischen Fortschritte machen viele Bemühungen zunichte. Der Schiffsbau, die ersten Industriezweige – Minen, Hüttenwerke, Glashütten – verschlingen Unmengen an Holz und Holzkohle, und überall verlangt die Landwirtschaft nach Anbauflchen. Mitte des 19. Jahrhunderts ist der Anteil bewaldeter Flächen in Frankreich auf einem absoluten Tiefpunkt angelangt: Von den einst vierzig Millionen Hektar gallischen Waldes sind nur noch sechs Millionen übrig. Der Maßstab hat sich komplett verschoben, die Menschen haben allein in Frankreich mit den gleichen Werkzeugen die dreihundertfache Fläche der Zedernwälder des Libanons gerodet. Und auch der Charakter der Wälder hat sich völlig gewandelt: Die Wildnis ist domestiziert. Der Mensch des Okzidents hat die Waldflächen entsprechend der Entwicklung der Natur und dem Ausmaß seiner Bedürfnisse abgeholzt, verändert und erschlossen. Die Wälder Westeuropas sind gezähmt, die Wildnis ist bis an die östlichen Ränder des Kontinents zurückgedrängt, wo die Karpaten ein Ausnahmefall für das Überleben wilder Wälder bleiben und als Quelle von Mythen dienen.

In der westlichen Sicht auf den Wald mischt sich seit dem Zeitalter der Klosterabteien das Erbe der alten keltischen, gallischen und germanischen Kulturen mit den vorherrschenden christlichen Glaubensvorstellungen und Werten. Der ursprüngliche Wald ist geheimnisvoll, beängstigend und bezaubernd zugleich, bedrohlich und einladend, üppig und grausam. Eine Welt, die von wilden Tieren und märchenhaften Kreaturen bewohnt wird. Das Christentum projiziert seine Vorstellungen von Gut und Böse, Sünde und Paradies auf den Wald. Der wilde Wald ist Unordnung und Dunkelheit und Wirrnis, in die Satan den Sünder lockt. Dagegen gilt der vom Menschen domestizierte Wald als Inbild des Paradieses, dem die als Pioniere tätigen Mönche den Weg bereitet haben. Zwei Jahrtausende lang werden die Wälder diese Dualität beibehalten. Das Finstere und die Bedrohung durch den Wolf einerseits, der Holz- und Wildreichtum andererseits. Mündliche Traditionen sowie Kunst und Literatur haben uns eine große Zahl an Figuren hinterlassen, in denen sich Realität und Fantasie mischen. Bäume, die verehrt werden, wilde oder wohlmeinende Tiere, Feen und Zauberer, verfluchte und bewunderte Holzfäller. Auch der Teufel gehört dazu, verkörpert in der Finsternis dichten Laubs oder im schwarzen Gesicht des Köhlers. Diese Figuren symbolisieren die Reise in die Zeit der Wälder, die vom Untergang der Zedern bis zum Verschwinden der Kohlemeiler dauert. Der Status und die Berufe der im Wald tätigen Menschen, an der Grenze zwischen Wildnis und Zivilisation, ist Quelle von Mythen, Märchen und Legenden.

Die Holzfäller arbeiten dieses ganze Jahrtausend lang mit den gleichen Werkzeugen wie die von Gustave Doré abgebildeten Arbeiter, die die Zedern für den Tempel fällen. Erst mit dem Auftauchen der Motorsäge nach dem Zweiten Weltkrieg endet die Ära derer, die den Umgang mit der Axt beherrschen – sie hat mindestens viertausend

Jahre gedauert. Diese Handwerker waren eine Ewigkeit lang das Bindeglied zwischen Mensch und Wald, halb menschlich, halb wildwüchsig, zugleich bewundert und geringgeschätzt, respektiert und gefürchtet. Die fernen Erben Gilgameschs bewahrten etwas von dem Humbaba-Mythos, sie waren Kinder des Waldes, die angeblich mit Tieren und Waldgeistern sprechen konnten und nicht selten der Hexerei verdächtigt wurden. Mit ihrem Verschwinden in der Mitte des 20. Jahrhunderts schließt sich im westlichen Europa ein bedeutendes Kapitel im Verhältnis der Zivilisation zu Wildnis und Natur.

Laurent und ich steigen den Wald von Avers hinauf. Er liegt im Trièves, einem Alpental südlich von Grenoble. Wir haben zusammen das Abenteuer der Holzheizungs-Entwicklung durchlebt, und seither wirbt Laurent unermüdlich für praktische Lösungen zum Schutz des Waldes, der Artenvielfalt und der Natur. Seine Mutter stammt aus dieser Gegend, und so durchstreift er diese Wälder und Berge seit seiner Kindheit. Oberhalb von 1500 Metern endet der Wald aus hohen Tannen, Fichten und Buchen und weicht einem Magerrasen, der sich bis zu den letzten Gipfelfelsen hinaufzieht. Zwischen den Gräsern stehen vereinzelt ein paar Buchen, als seien sie dem Wald entlaufen, und ihr Laub glänzt hellgrün in der Sonne des Alpensommers. Mittendrin ragt ganz allein ein Riese auf, eine massive Buche mit unglaublichen Ästen und einer herrlichen Laubkrone, deren Zweige sich, weit oberhalb der Stelle, an der sie dem Stamm entwachsen, in die Horizontale ausbreiten. »Siehst du, das ist sie«, sagt mein Freund. Wir befinden uns am Fuß der Buche, stehen schweigend im Wind, wir müssen nicht reden, ein Blickwechsel erinnert uns daran, warum wir hier sind. Laurent als Kletterer schwingt sich hinauf zur ersten Astgabel, er streckt mir eine Hand hin, um mir hinaufzuhelfen, und schon befinden wir uns auf der Fläche, die der beeindruckend breite Stamm uns dort bietet, wo seine Hauptäste abgehen, die selbst so dick wie junge Bäume sind. Laurent schiebt sich auf dem größten bis zu einem Laubdach, das der Baum hier mit der Zeit gebildet hat. Er liegt nun mit dem Rücken auf dem Ast, die Arme verschränkt, und schließt die Augen. Damit erfüllt er sein Versprechen, mir den Baum zu zeigen, der seiner Überzeugung nach Jean Giono als Inspiration für die Buche in seinem berühmten Roman *Ein Mensch allein* (frz. *Un roi sans divertissement*) gedient hat. Das Buch ist unser ständiger Begleiter – keine Unterhaltung über das Schicksal der Buchen in der Klimakrise, ohne dass wir darauf zu sprechen kommen. »Ich habe nicht den Eindruck«, meint er, »dass der Baum sich in den letzten fünfzig Jahren verändert hat. Ich denke, er ist über zweihundert Jahre alt und hatte schon eine beachtliche Größe, als Giono ihn zum ersten Mal sah.« Der Schriftsteller machte regelmäßig Ferien in Lalley, einem Dorf ganz in der Nähe des Hauses von Laurents Familie. Laurents Mutter hatte Giono, der gerne lange Spaziergänge in den Bergen machte, hin und wieder kommen und gehen sehen. In dem Roman steht die Buche am Fuß eines Sägewerks in einer Kurve zwischen Lalley und Avers. Laurent erzählt, das Sägewerk habe es tatsächlich bis in die 1950er-Jahre hinein gegeben, und in Wahrheit habe eine Esche, keine Buche darüber gewacht. Giono sei ein Meister darin gewesen, die geografischen Spuren in seinen Romanen zu verwischen. Der Roman *Ein Mensch allein* macht da keine Ausnahme, es gibt auch die These, die Buche des Romans sei von einer sehr alten und großen Eiche inspiriert, die dem bei Manosque befindlichen Bauernhof des Schriftstellers Schatten spendete. Für Laurent und mich dagegen gibt es keinen Zweifel, dass die gut belegten Spaziergänge, die Giono rund um Lalley unternahm, der Buche von Avers eine Schlüsselrolle für den Romananfang zuweisen.

Dass eine Buche in *Ein Mensch allein* zur Protagonistin eines Romans wird, ist wirklich außergewöhnlich. Der Autor fesselt uns mit der Beschreibung eines Baums, der alle anderen an Größe und Schönheit übertrifft und damit zwischen Traum und Wirklichkeit angesiedelt ist. Durch die übernatürlichen Kräfte, die Giono ihm zuschreibt, übernimmt er die Rolle eines Fährmanns zwischen der Welt der Lebenden und dem Jenseits. Ein Mörder versteckt seine Opfer im Winter in der Höhlung eines seiner Äste, die so groß ist, dass sie zum Grab taugt. Der Baum als Sarg und als Beschützer, Wächter über die Leichen in der Winterkälte und Quelle des Lebens an schönen Tagen – Gionos Buche ist eine der gelungensten Darstellungen von Bäumen in der Literatur. Der Erzähler betont, dass es nichts Schöneres gebe und wie bemerkenswert es doch sei, dass etwas so schön und zugleich so schlicht sein kann: »Unmöglich, dass eine andere Buche, wo auch immer, eine glattere Haut von schönerer Farbe, eine vollkommenere Statur, ausgeglichenere Proportionen, mehr Adel, Anmut und ewige Jugend hat«[4]. Im Frühling ein Knospenkleid, Laub so dicht wie Stein, »ihr Holzwerk [...] musste von seltener Kraft und Schönheit sein, um so viel angehäufte Last mit so viel Eleganz tragen zu können.«[5] Die Buche kennt und beurteilt sich selbst, Giono sieht sie tanzen, »wie nur übernatürliche Wesen tanzen können, indem sie ihren Körper um ihre Unbeweglichkeit herum vervielfachte.«[6] Es gibt keine tiefsinnigere Beschreibung von Bäumen als dieses letzte Bild. Noblesse, ewige Jugend, tanzende Unbeweglich-

---

4 Jean Giono: Ein Mensch allein. Aus dem Französischen übertragen von Caroline Vollmann, Berlin (Die Andere Bibliothek) 2018, S. 7

5 Ebd., S. 36

6 Ebd.

keit – ein paar wenige Zeilen genügen, um die vielen Leben eines Baums vor Augen zu führen. Jean Giono ist unseren neuesten Erkenntnissen über den Baum als Rückzugsort und Heimstatt verschiedenster Lebewesen weit voraus. Die Paarung von Buche und Sägewerk verweist auf die Dualität von lebendem Baum und Baum als Holz, und damit macht Giono seine teils menschliche, teils göttliche Buche zur Zeugin einer uralten und nie gelösten Verbindung zwischen Mensch und Baum; es ist wie ein Sprung in eine Vergangenheit, in der ihr ein Kult geweiht war. Als geisterhafter Wächter, verwurzelt in der bäuerlichen Welt des 19. Jahrhunderts, der sich Giono tief verbunden fühlte, ist seine Buche von Avers für mich eine der schönsten Darstellungen des Baums in der Geschichte der westlichen Wälder.

Quer durch Europa gibt es noch eine Kette kleiner Inseln von sogenanntem Buchenurwald, zumindest bewahrt vor der Gegenwart des Menschen, kostbare Erinnerung an die Zeit der großen alten Buchenwälder. Diese flächenmäßig sehr unterschiedlichen Gebiete sind Zeugen einer menschenlosen Waldzeit, in denen Buchen unterschiedlichster Höhe und Form wachsen. Riesige, krumme und ineinander verschlungene, von Moosen bedeckte Buchen, die den Äxten und Sägen auf wundersame Weise entkommen sind. Es sind geradezu unwirkliche Waldlandschaften von wilder Schönheit, denen man ewiges Leben wünscht. Die UNESCO hat endlich erkannt, wie wichtig der Schutz dieses wundervollen Erbes ist, und 2007 unter der Bezeichnung »Buchenurwälder der Karpaten« zehn Wälder in der Ukraine und der Slowakei unter Schutz gestellt. Heute gehören rund hundert solcher Wälder zum Weltnaturerbe. Für mich sind die Parallelen zwischen den vereinzelten Buchenwäldern und den überlebenden Zedernwäldern im Libanon ganz offensichtlich, allesamt Überreste von ursprünglicher Schönheit, die an unser Gewissen appellieren und deren letzte Spuren wir nach heutigem Wissensstand nicht verschwinden sehen wollen.

Laurent hat solche Buchenwälder in Polen gesehen, ich in Bulgarien, und gemeinsam sind wir durch die in den Pyrenäen gestreift. Wir betrachten sie als stumme Banner einer europäischen Einheit, Zeugen dessen, was einmal der große wilde Wald der Urzeit gewesen sein könnte, der sich vom Baskenland bis zu den Bergen des Balkans erstreckte. Ein Wald, der vor allem aus einem Grund auf ein Minimum geschrumpft ist: Die Buche ist für die Herstellung von Holzkohle weniger gut geeignet.

7.

Das Handwerk des Teufels

Die Vermählung des Holzes mit dem vom Menschen domestizierten Feuer hat ein außergewöhnliches Material hervorgebracht, das für die Entwicklung der Zivilisationen weltweit, von der Vorgeschichte bis ins 19. Jahrhundert, von fundamentaler Bedeutung war: die Holzkohle. Die letzte Botschaft des Baums vor seinem Veschwinden, das erhitzte, verkohlte Holz, nimmt im Leben des Waldes und unter seinen Gerüchen einen wichtigen Platz ein.

Brennendes Holz ist eine überraschende Duftquelle, es kann nach Harz oder Blättern oder auch tropisch riechen, und je nachdem, ob Ast oder Stamm, Totholz oder feuchtes Laub brennt, entsteht leichter oder dichter Rauch, der in duftenden Arabesken nach oben steigt. Die häufig recht herben Gerüche sind zugleich vielfältig, eigenwillig und kräftig, wodurch sie Eingang ins Universum des Parfums finden. Inzwischen ist es nicht mehr so einfach möglich, in den Wäldern der mittleren Breiten Feuer zu machen, aber wer dazu Gelegenheit hatte, behält diese intensive Freude definitiv in Erinnerung. Teile eines Baums zu verbrennen bedeutet, sehr tief in die Ursprünge des Menschen und des Lebens einzutauchen. Was uns an einem Kaminfeuer fasziniert, nimmt draußen im Wald eine viel größere Dimension an. Die Faszination dieses Schauspiels erlebe ich seit meiner Kindheit immer wieder neu, und im Schweigen, das bei dieser schlichten Zeremonie unweigerlich eintritt, spüre ich die Spuren eines überindividuellen Erbes. Wortlos betrachten wir solche Feuer, gefesselt vom intensiven Rot der Glut, dem Knistern der Kiefern- oder Kastanienrinde, dem Knacken der Tannennadeln, deren Essenz in die Luft steigt. Das enge Band zwischen Mensch und Holzfeuer ist wohlbekannt, und niemand kann sich seiner Faszination entziehen. Ein Feuer verändert – besonders nachts – all unsere Sinneswahrnehmungen. Wir reden weniger, spüren deutlicher, dass wir uns unter freiem Himmel befinden, wir lauschen den Stimmen der Nachttiere. Als Jugendlicher habe ich meinen Vater begleitet, als er Gestrüpp in den Wäldern rund um unser Haus in Zentralfrankreich entfernte. Er wollte in dem verwilderten Gebiet Platz für junge Bäume schaffen. Das war harte Arbeit, man musste sich durch ein Dickicht von Brombeeren, Schlehen, Weißdorn und Ginster kämpfen, die allesamt sehr dornig waren. Zur Belohnung wurde der Feierabend mit der Verbrennung des gesamten Grünschnitts gekrönt. Wir hatten dafür Platz genug, keine Nachbarn, und mein Vater liebte es, große Feuer zu machen. Wir entzündeten Papier, das wir mit dem Kettenöl der Sägen getränkt hatten, schichtete die trockensten Äste aufeinander und fachten Feuer und Glut so an, dass am Ende wirklich alles brannte, selbst die grünsten und feuchtesten Zweige. Die Flammen schlugen hoch, und man musste achtgeben, dass keine Glut davongeweht wurde, der wechselnde Wind trieb einem schnell den Rauch in die Augen. Um das Feuer zu unterhalten, hatte jeder eine Heugabel, mit der wir das Holz immer wieder Richtung Glut schoben. Oft machten wir nach dem Abendessen weiter und warfen all das ins Feuer, was noch nicht verbrannt war. Am Ende fanden wir einen großen Kegel rauchender Asche, der die Glut bedeckte, und auch bereits Holzkohle. Die ganze Angelegenheit war sehr geruchsintensiv, der Duft der ersten Pflanzen, die die Flammen erfassten, der anfänglich noch sehr »grüne« Rauch, dann verbranntes Holz, dichterer Rauch, Holzteer, Kohle.

Ein halbes Jahrhundert später ist mir die Kluft zwischen meinen Erinnerungen und dem, was Feuer im Wald heute bedeutet, nur allzu bewusst. Wälder brannten schon immer: ungeplant und zufällig, zum Beispiel wegen Blitzeinschlags, oder wegen des gezielten Eingriffs von Menschen. Man brennt Wald nieder, um Platz oder

Ackerflächen zu gewinnen, um Graswachstum zu ermöglichen oder einfach, um ihn loszuwerden. Sogar nur um des Schauspiels und der Faszination willen steckt man ihn in Brand. Doch auch wenn Waldbrände grundsätzlich zum Verhältnis von Mensch und Wald gehören, sind ihr Ausmaß, ihre Häufigkeit und Intensität heute einer der zentralen Hinweise darauf, dass wir uns am Wendepunkt zu einem neuen Klimasystem befinden, und somit ausgesprochen besorgniserregend. Die heftigen Brände in Australien und Kalifornien haben die ganze Welt alarmiert. Das alles zerstörende Feuer, der Rauch, der den Himmel verdunkelt, die Todesopfer unter den Bewohnern und Feuerwehrleuten. Eine plötzliche, an unvorhersehbaren Orten stattfindende Apokalypse, die kaum mehr zu kontrollieren und zu stoppen scheint.

In der Geschichte des Waldes schlägt der Holzfäller die Bäume, und der Köhler verbrennt sie, genauer gesagt verwandelt er sie in einen leichten Brennstoff, eine für das Entstehen von Zivilisation entscheidende Energiequelle und für einen Teil der Menschheit immer noch unverzichtbar bei der Nahrungszubereitung. Die Transformation eines Holzscheits in Kohle reduziert sein Volumen und Gewicht und steigert seinen Energiegehalt beträchtlich. Die kontrollierte nur partielle Verbrennung des Holzes, die Karbonisierung, hat die Metallurgie, insbesondere die Verarbeitung von Eisen, erst ermöglicht, da die Verbrennung von Kohle die hohen Temperaturen hervorbringt, die zum Schmelzen von Erz und zum Schmieden vonnöten sind. Die Menschen kannten die Holzkohle als das sogenannte natürliche Kind von Wald und Feuer schon immer. Sie wurde zuerst als Nebenprodukt von Waldbränden gesammelt, bevor sie dann mit einfachen Mitteln gezielt hergestellt wurde, von den Köhlern im Wald, verborgen vor dem Rest der Welt. Vom Pigment für die Höhlenmalerei von Lascaux bis zur heutigen Grillparty – die Verwendung der Holzkohle hat eine lange Tradition. Der »moderne« Köhler begleitet schon die Holzfäller des Mittelalters, seine Meiler sind seit dem 15. Jahrhundert weitverbreitet und bleiben über die Jahrhunderte unverändert. Um Holzkohle herzustellen, muss man das Material in einer speziellen Art und Weise aufschichten und den Prozess des Verkohlens (Pyrolyse) über Tage am Laufen halten. Holzkohle lässt sich aus allen Hölzern herstellen, in den Landes waren es Seekiefern, in der Bretagne oder im Burgund Kastanien und in allen Wäldern mittlerer Höhe Buchen. Die Meiler ähneln sich überall, es sind kegelförmige Konstrukte (etwa drei Meter hoch und zehn Meter breit) rund um einen zentralen »Kamin«, der die Verkohlung ermöglicht. Der sorgfältig aufgebaute Kegel muss erst mit Ästen und Laub, dann mit Lehm bedeckt werden, um ihn abzudichten. Eine anstrengende Arbeit für den Köhler und seinen Gehilfen – Holzkohle kann nur zu zweit hergestellt werden. Der Meiler wird dann mit ein paar Schippen Glut, die in den Kamin geschaufelt werden, angeheizt und braucht mindestens vier Tage, oft auch eine Woche ständige Beobachtung. In Brand geraten darf er nämlich keinesfalls, das würde die ganze Mühe zunichte machen, außerdem droht die Explosion der darin eingeschlossenen Gase. Der Köhler weiß, wann der Meiler fertig ist, er sackt dann zusammen, man trägt den Lehm mit einer großen Holzschaufel ab, und darunter kommt die noch rauchende, schwarze, glänzende, wunderschöne Kohle zum Vorschein. Der Beginn und Siegeszug der Industrialisierung über das 18. und 19. Jahrhundert hinweg beruhen zu großen Teilen auf der Holzkohle. Deren Herstellung wird aufgrund ihres Ausmaßes und ihrer Bedeutung zu einem ganz eigenen Epos ohne Worte. Tausende von Kohlemeilern bestimmen drei Jahrhunderte lang das Schicksal der französischen Wälder. Deren Gesamtfläche ist bis 1850 auf ein Minimum gesunken, was den Restbestand rettet, ist unter anderem der schrittweise Ersatz von Holz- durch Steinkohle.

Als Herrscher über seine rauchenden Meiler, als Alchemist, der mit seiner Tätigkeit kostbare Materialen aus dem Holz holt, verdient es der Köhler, in Erinnerung zu bleiben. Die Verwendung von Holzteer geht bis in die Vorgeschichte zurück. Die wasserabweisende Substanz diente dazu, Feuersteine an Axtstielen oder Pfeilspitzen zu befestigen, und kam später im großen Stil als »Pech« zur Abdichtung von Schiffen zum Einsatz. Die Stoffe, die bei der Erhitzung von Holz entstehen, behalten in der Regel einen starken Brandgeruch, der sich deutlich vom Harz unterscheidet, das man durch das Anzapfen der Bäume gewinnt. Es mag daher überraschen, dass einige Nebenprodukte der Holzkohleherstellung aufgrund ihrer olfaktorischen Eigenschaften zu wichtigen Duftquellen in der Parfümherstellung wurden. Der ölige Teer aus Birken wurde zum Gerben russischen Leders verwendet, was ihm seine Weichheit und seinen Geruch verlieh. Es sollen die Stiefel russischer Soldaten gewesen sein, die Chanel zum Namen »Cuir de Russie« für ein Parüm inspirierten, das als »Duft mit geheimnisvollen Akzenten rauchigen Holzes« beschrieben wird. In dieser Hinsicht der Birke vergleichbar wird auch das Öl des Stech-Wacholders (*Juniperus oxycedrus*) verwendet, ein kleiner Baum mit spitzen Nadeln, ein mediterraner Vertreter der großen Familie der Wacholder, deren Hölzer meist einzigartig angenehm riechen. Beim Verbrennen von Stech-Wacholder entsteht ein Teeröl, dessen bemerkenswerte Eigenschaften wohlbekannt sind und das seit Jahrhunderten bei Schäfern und Bauern der Provence, des Languedoc,

Spaniens und Norditaliens sehr begehrt ist, da es entzündungshemmend und gegen Parasiten wirkt. Es wird auch gerne zur Haarpflege eingesetzt. Im 19. Jahrhundert verwandeln sich die von Stech-Wacholder bewachsenen Gebiete des Südens in »Wacholder-Öfen«, eine logische Ergänzung zur Holzkohleherstellung. In der Parfümerie schätzt man die Stech-Wacholder-Essenz für ihre sehr schöne rauchig-harzige Holznote und setzt sie nach wie vor breit ein. Das Lieblingsholz der Köhler, die Buche, produziert beim Verbrennen die Krönung allen Rauchs, und das ist erstaunlich für einen Laubbaum, dessen Holzgeruch dezent und weit entfernt von der verführerischen Intensität von Zedern- oder Pinienharz ist. Aufgefangen, kondensiert und verflüssigt wird der Buchenholzrauch bei geräuchertem Fleisch oder Fisch, aber auch für Holz- oder Ledernoten in Parfums eingesetzt. Damit hat Rauch einen faszinierenden Weg zurückgelegt: Schwärzte er jahrhundertelang die Gesichter der Köhler, sorgt sein kräftiger Geruch nun in luxuriösen Flakons für eine Assoziation von Leder.

In volkstümlichen Vorstellungen ist der Holzfäller ein Mensch des Waldrands, er betritt den Wald, um Bäume zu schlagen, und kommt wieder heraus, wenn seine Arbeit beendet ist. Der Köhler dagegen ist ein Mensch des Waldes, er verlässt ihn nicht, er lebt darin. Diese aus dem

Mittelalter stammende Figur hat die Fantasie unserer Vorfahren tief geprägt. Der Köhler war ein Nomade im Wald, ein Grund mehr, ihn zu einer Randfigur, zu einem Sonderling werden zu lassen. Sein Handwerk bestand darin, Holz vom Leben zum Tode zu befördern, den himmelwärts strebenden Baum in Kohle, etwas Unterirdisches, zu verwandeln, und damit haftete den Verdammten des Waldes eine machtvolle Symbolik an. Die Figur des Köhlers mit seinem rauchgeschwärzten Gesicht ist damit die eines Wilden, geheimnisvoll und beunruhigend. Der Wald ist sein Zuhause, und als sein einziger menschlicher Bewohner muss er nach dessen Maßgaben geschaffen sein, ein Geschöpf, das den Tieren ebenso nah steht wie den Menschen. Er ist auch ein Mensch des Feuers, des Rauchs, des Staubs, viele Gründe, ihm etwas Teuflisches zuzuschreiben. Der Köhler selbst sagt, dass sein Handwerk das des Teufels sei, da er immer im Feuer ist. So hat man ihn immer gesehen, als Sündenbock, verantwortlich für das Verschwinden des Waldes und für Waldbrände. Ein Wilder, weil er im Wald lebt, ein Hexer, weil er mit Feuer umgehen kann – dieses Bild wird ihn bis zum Verschwinden dieses Berufs verfolgen. Der große Fabeldichter Jean de La Fontaine kann sich in einem Brief an seine Frau über eine Reise durch das Limousin folgenden Kommentar über die Wälder, die er durchquert, nicht verkneifen: »Wolfsrepublik, Asyl für Räuber, muss es dich überhaupt auf der Welt geben? Man findet in dir nur schlimme Holzfäller und Köhler so schwarz wie Dämonen.«

Im 19. Jahrhundert siedeln sich ganze Familien im Wald an, alle müssen mit anpacken, selbst die Kinder sind bei der Kohle statt in der Schule. Diese Familien leben in Hütten, die sich, solange man denken kann, auch nicht verändert haben. Gewöhnlich haben sie die Form eines Zelts, ein Bündel Stangen bedeckt von Ästen, darauf eine Schicht aus Blättern, Rinde, Moos und Grassoden. Ein einziger enger Eingang und am Giebel eine kleine Öffnung, um den Rauch des Feuers, das unter dem kleinen Kessel brennt, abziehen zu lassen. Geschlafen wird auf Matten aus Blättern, darüber hinaus gibt es kaum Möbel, und in einem von einer Planke bedeckten Loch im Boden wird die Nahrung aufbewahrt. Eine verblüffende Ähnlichkeit verbindet die Hütten der Köhler mit denen der Indigenen Nordamerikas, ein Hinweis darauf, wie eng verbunden die Menschen des Waldes oder der Prärie mit ihren natürlichen Ressourcen sind.

Postkarten vom Ende des 19. und Beginn des 20. Jahrhunderts zeigen die rauen Lebensbedingungen und die Not dieser Familien, die in ärmlicher Kleidung vor ihren Hütten aus Ästen posieren. Berührende und schmerzliche Zeugnisse einer Ära, die uns zeitlich so nah ist und angesichts der Härte des abgebildeten Lebens zugleich historisch so fern. Die Spuren der Köhler sind praktisch überall präsent, in den noch sichtbaren geschwärzten Stellen im Wald und in den Bemühungen, die Erinnerung an sie zu bewahren. Was mich mit diesen Geschichten verbindet, sind die italienischen Familien, die mein Vater in der Provence kennenlernte und an die sich die alten Lavendelbauern von Valensole noch erinnern. Die Italiener waren in mehreren Wellen ins Land gekommen, um als Holzfäller oder als Köhler zu arbeiten, erstmals in den 1880er-, dann in den 1930er-Jahren. Überall dort, wo es Arbeit gab, ließen sie sich nieder, in der Haute Provence als Holzfäller (*bouscatiers* im provenzalischen Dialekt). Als Köhler gingen sie nach Absprache mit den Besitzern in die Wälder. Da sie selten ihre Hütten und Lager verließen, wurden sie kaum gesichtet, berichtet mir ein alter Mann in Valensole. »Dort im Wald, den wir *La Forestière* nannten, hatten sie 200 Hektar Eichen, sie fällten Holz und machten Kohle wie die Verrückten, sie unterbrachen ihre Arbeit nur für die Heilige Messe. Das waren fleißige Arbeiter, unermüdliche Holzfäller. Meiner Erinnerung nach aßen sie nicht viel, vor allem Polenta, Suppe und Brot, sonntags kochten die Frauen Hasenpfeffer. Sie haben noch ein paar Jahre nach dem Krieg weitergemacht. Einmal, das war in den 1950er-Jahren, sind wir zu ihnen gegangen, um Kohle zu kaufen, da war ich noch ein ganz junger Mann. Ich erinnere mich gut, dass die Männer alle ganz schwarz waren. Bis auf den Größten, ein richtiger Koloss, der das Holz kleinmachte, alles mit der Axt natürlich. Die Kinder waren auch da, sehr still, es waren vier oder fünf, noch nicht sehr alt. Ich sehe sie noch vor mir, sie trugen Halsbänder mit Glöckchen, wie wir sie den Ziegen umbanden, damit sie nicht verloren gingen, wenn sie den ganzen Tag im Wald herumrannten.«

Die Holzkohle markiert einen entscheidenden Wendepunkt unserer Geschichte. Läutete Gilgamesch durch das Fällen der Bäume den Abschied von der Wildnis ein, so stellte die Holzkohle den Wald in den Dienst des Metalls, eine Umwälzung, eine Machtübernahme, die die Welt verändert hat. Wahrscheinlich wurde Kohle bereits zum Schmieden der Bronzeäxte von Gilgamesch und Enkidu benutzt, und im Mittelalter diente es zunehmend der Herstellung von Werkzeugen, die für das Holzfällen und Urbarmachen von Land unerlässlich waren. Die gefällten Bäume wiederum wurden zu Werkzeugen und Pflügen verbaut, die zur weiteren Reduzierung der bewaldeten Flächen beitrugen. Es ist ein erschütterndes Paradox, dieses Opfer, das dem Baum auferlegt wird, um dem Menschen seinen auf Metall gebauten Weg zu bahnen. Das Holz muss zu seiner eigenen Eliminierung beitragen.

Am Ende des 18. Jahrhunderts sind die Wälder Europas bereits weitgehend in Niederwald verwandelt und zur Herstellung von Kohle bestimmt, um die Schmieden und Öfen am Laufen zu halten. In einem Niederwald lässt man Bäume höchstens armdick wachsen, fällt sie alle fünfzehn bis zwanzig Jahre, worauf sie aus den Stümpfen wieder ausschlagen. 1780 gab es in Frankreich schätzungsweise sechshundert Schmelzöfen, in denen pro Jahr 60 000 Hektar Niederwald verbrannt wurden – das Sechsfache der Fläche von Paris. Im 19. Jahrhundert endete das Ganze mit dem Beginn der Moderne. Die Mengen der für die Industrie produzierten Holzkohle erreichen um 1850 schwindelerregende Höhen, der Wald wird förmlich verschlungen von Vulcanus, dem Gott des Feuers. Zur Produktion weiteren Holzes beginnt man nun, Plantagen anzulegen. Riesige produktive Forste verdrängen den ursprünglichen Wald: eine neue Ära, für die in Frankreich die Seekiefernwälder der Landes zum Symbol wurden.

Die Köhler arbeiteten bis etwa 1950 in den französischen Wäldern, in Osteuropa sogar noch ein paar Jahrzehnte länger. Während dieses traditionelle Handwerk in Europa durch industrielle Öfen ersetzt wurde, ist es in Afrika noch überall präsent, weil mit Holzkohle gekocht wird, ebenso in Südamerika und Asien, die die reichen Länder mit Grillkohle versorgen. Zu Beginn der 2000er-

Jahre habe ich in Bulgarien eine Gruppe Roma kennengelernt, die die Köhlerei gerade erst aufgegeben hatten. Sie wohnten in Hütten und Zelten in einem Buchenwald und lebten nun von Erntearbeiten, wobei sie vor allem Wacholderbeeren sammelten. Mit ihren Eseln zogen sie in höhere Bergregionen, wo die Hänge von Wacholder bedeckt waren. Wacholderbeeren braucht man nicht nur zur Herstellung von Gin, es wird daraus auch ein ätherisches Öl zur Parfümherstellung gewonnen, weswegen ich dort recherchierte. In der Mitte ihres Lagers war die große schwarze Fläche, auf der einige Jahre lang ihre Meiler gestanden hatten, noch erkennbar. Das Holz dafür lieferten die Buchen des Waldes der Umgebung. Es waren alte Bäume mit beeindruckenden Stämmen, die jedoch nicht in die Höhe wuchsen, sondern sich bereits ab zwei Metern verzweigten wie Kerzenleuchter, mit vertikalen und horizontalen Ästen, ein pflanzliches Labyrinth, das mehr nach Märchen als nach Forstwirtschaft aussah. Jeder Baum wurde so beschnitten, dass er Triebe mit kleinem Durchmesser lieferte, die sich leicht zu Meilern aufschichten ließen. Die Buchen in diesem alterslosen Wald, dunkel und verlockend, unregelmäßig und dicht, schienen aus der Tiefe der Zeit zu kommen, eine Oase der Wildnis, die die Lichtung der Menschen und ihrer Esel verbarg und beschirmte. Aus einem kleinen batteriebetriebenen Radiorecorder erklangen leise von Geige und

Akkordeon getragene melancholische Melodien. Natürlich war die Gruppe unglücklich darüber, die Köhlerei aufgeben zu müssen, denn das Einkommen aus dem Sammeln von Pilzen und Wacholderbeeren schien ihnen unsicher. Im Mai kamen die Familien ins Tal, um Rosen zu pflücken, später dann Kirschen. Im Winter zogen sie vom Buchenwald in ein Dorf im Tal von Toundja. Offiziell wurde das Ende der Köhlerei in Bulgarien mit der Gefahr von Waldbränden begründet, nicht mit der industriellen Konkurrenz, das Resultat war jedoch dasselbe. In einem Zeitgeist, der die wilde Vergangenheit immer weiter nach Osten treibt, sind auch dort die Kohlemeiler erloschen.

8.

Die pazifischen Riesen

Auf dem Weg von San Francisco nach Vancouver, wo ein Kongress der Parfümindustrie stattfindet, gönne ich mir einen Zwischenstopp im kalifornischen Redwood-Nationalpark, den ich so oft wie möglich besuche, um das unvergleichliche Erlebnis zu wiederholen, zwischen den pazifischen Riesen zu wandern. Auch wenn sich die Zedern des Libanon am anderen Ende der Welt befinden, ist mir die Verbindung zwischen diesen beiden verbliebenen Wäldern sehr bewusst; ich bin sogar absolut überzeugt, dass es sich bei ihnen um die schönsten Wälder der Schöpfung handelt.

Auf die Mammutbäume fällt Regen, wie fast immer hier. Ein feiner Dauerregen, der seit Millionen von Jahren diesen Teil der nordpazifischen Küste befeuchtet und den stillen Durst der Bäume stillt, die seit uralter Zeit hier wachsen – es sind die größten Bäume der Erde. Unter dem Schutz meiner Kapuze betrachte ich einen Wurzelteller. Er ist riesig, eine Rosette aus Wurzeln und Holz, aus der Erde gerissen und nach oben gereckt, eine Mauer, die fünf oder sechs Mal größer ist als ich, eine Höhle aus Pflanzenmaterial im unteren Ende eines dicken Stamms, der sich über fast siebzig Meter auf dem Boden erstreckt. Dieser Küstenmammutbaum ist in einer stürmischen Gewitternacht vor zwanzig Jahren umgefallen, was am Ende eines tausend Jahre währenden Lebens die Erde im Umkreis von zwei Kilometern erbeben ließ. Nun liegt sie da, die *Sequoia sempervirens*, amerikanisch *Redwood*, deutsch Küstenmammutbaum, in diesem Winkel des Humboldt Redwoods State Park. Es handelt sich um eines der Schutzgebiete in Nordkalifornien, in denen man die wenigen Hektar Urwald, die von einer der gnadenlosesten Abholzungsepisoden des 20. Jahrhunderts verschont blieben, wie Juwelen hütet.

Spontan muss ich beim Anblick dieses Baums an einen gestrandeten Wal denken, eine riesige pflanzliche Zetazee, als seien das Tier und die Pflanze aufgrund ihrer Schönheit und Größe verwandt. Der an den Wurzelballen anschließende Stamm ist liegend auch noch fast vier Meter hoch. Um ihn herum streben die Bäume bis zu hundert Meter in die Höhe; Riesen, die jedes Maß sprengen, stehen hier ganz eng beieinander. Nirgendwo sonst auf der Welt entwickelt die Vegetation eine solche Produktivität.

Rinde und Holz der Redwoods verrotten praktisch nicht, die umgefallenen Bäume bleiben über Jahrzehnte hinweg intakt und sind Ankerpunkt neuer Bäume. Über Dutzende Meter hinweg macht sich auf dieser hölzernen Barriere überall Leben breit. Der Baum hat noch seine dreißig Zentimeter dicke Rinde, eine Rüstung aus Fasern, die ihn bis zu seinem Sturz vor Bränden bewahrt hat und nun all den Pflanzen, Farnen und Büschen, die er beherbergt, als Nahrung und Stütze dient. Diese jungen Bäume sind ein außergewöhnlicher Anblick: Sie wachsen weit über dem Boden aus dem Stumpf oder dem Stamm und werden irgendwann tief im Humus wurzeln.

Ein feiner Vorhang aus Regen fällt aus den Kronen und lässt die rote Rinde der mich umgebenden Bäume glänzen. Um die Nadeln zu sehen, muss man den Blick weit heben, denn die ersten Äste setzen oft erst in dreißig, vierzig Metern Höhe an. Das Zusammenspiel aus braunroten Stämmen und dunkelgrünen Nadeln ist eine Pracht – unmöglich, darin nicht die Farben des allerersten Waldes, eine Urform von Wald zu sehen. Eine Wanderung durch den Redwood-Wald ist eine ganz besondere Erfahrung, die einen für immer prägt. Die umwerfende Schönheit und maßlose Größe dieser Natur wirft einen aus der Bahn, und so läuft man in einer ganz eigenartigen Stille, die Bäume schlucken jeden Ton. Es scheint unangemessen, in dieser Kathedrale zu sprechen.

Vor 100 Millionen Jahren hat die Evolution der Gattung *Sequoia* erstaunlich viel Platz eingeräumt: Sie bedeckte zwei Drittel der Nordhalbkugel, von Amerika über Europa bis China, wo noch heute ein Cousin der amerikanischen Art lebt, der Urweltmammutbaum (*Metasequoia glyptostroboides).* Im Lauf der Zeit, in Folge von Eiszeiten, Erwärmung und der Entwicklung anderer Arten, blieb den Sequoias als letztes Rückzugsgebiet Kalifornien, wo zwei Arten von Mammutbäumen überlebt haben.

Die Riesenmammutbäume (*Sequoia giganteum)* der Sierras im Landesinneren sind berühmt, weil sie den Rekord der dicksten Bäume halten. An der Küste erstreckt sich das Verbreitungsgebiet des Küstenmammutbaums (*Sequoia sempervirens*) über 800 Kilometer, zwischen dem Ozean und den Rocky Mountains, von Monterey bis an die Grenze zu Oregon. Ursprünglich viel häufiger als sein Verwandter aus den Bergen ist der Küstenmammutbaum, der höchste Baum der Erde.

Vor Ankunft der Europäer bedeckten Sequoiawälder die Südspitze eines 3000 Kilometer langen Küstenstreifens bis hinauf nach Alaska, ein einmaliges Waldgebiet mit einer Vielfalt an Baumarten von außerordentlicher Größe und Stammdicke. Erklären lässt sich dieses botanische Juwel durch spezielle klimatische Bedingungen: Die

Bäume werden kontinuierlich durch vom Pazifik kommende und von den Bergen aufgehaltene Regen und Nebel benetzt. Die ständige Feuchtigkeit sorgt dafür, dass die gigantischen Bäume fast bis zum Strand wachsen. Natur und Evolution scheinen sich darauf verständigt zu haben, aus jeder großen Familie der Nadelbäume eine besondere Art in diesen Wäldern gedeihen zu lassen. Selbst nach zwei Jahrhunderten ununterbrochener Ausbeutung wächst an dieser Küste noch eine ganze Reihe von Bäumen beeindruckender Größe: die Douglasie, die Sitka-Fichte, die Große Küstentanne, die Zucker-Kiefer und eine Thuja-Art, der Riesen-Lebensbaum. Alle erreichen außergewöhnliche Größen und Umfänge. Alle liefern Holz von besonders hoher Qualität, manche Sorten sind sehr harzig, andere gar nicht. Aus dem Sägemehl des Riesen-Lebensbaums und der Nootka-Scheinzypresse werden sehr wirksame ätherische Öle destilliert, die in der Aromatherapie sehr beliebt sind.

Entdeckt habe ich all diese Bäume während mehrerer Fahrten entlang der Route 101, die von San Francisco durch die US-Bundesstaaten Kalifornien, Oregon und Washington bis hinauf ins kanadische British-Columbia führt. Je weiter nach Norden man gelangt, desto wilder erscheint der Wald, der immer näher an den Ozean heranrückt. Jederzeit kann man die Straße Richtung Pazifikküste verlassen und zu den Stränden laufen, wo sich

Wellenrauschen, Wind, Regen und Nebel mischen, an den Bäumen rütteln und in den Wald vordringen. Angesichts der Üppigkeit dieser Natur in einem kalten Klima möchte man von gemäßigten Regenwäldern sprechen, so entfesselt wirkt die Pflanzenwelt entlang der Küste. In diesem Universum gibt es keinen sanften Übergang zwischen Wasser und Bäumen, es ist eine rohe Natur, in der sich eine Vielzahl sehr lebendiger Riesenbäume, sich auftürmender verrottender Stämme und Berge von Stümpfen und Treibholz mischen. Jede Flussmündung lässt eine Welt aus Holz, Wasser, Felsen und oft schwarzem Sand gedeihen. Die Bäume sind von Moosen und Flechten bedeckt, sie neigen ihre beeindruckende Masse dem Salzwasser zu und bilden ein Dickicht, in das die Sonne kaum einzudringen vermag. Je weiter man hinter der kanadischen Grenze nach Norden gelangt, desto wilder die Natur und erstaunlicher die Bäume. Ganz am Ende von Vancouver Island habe ich isoliert stehende Riesen angetroffen, viele hundert Jahre alte Tannen oder Rotzedern mit enormen Stämmen, die auf wundersame Weise überlebt haben und heute unter Schutz stehen. Mit vom Alter beschädigten Wipfeln erreichen sie noch immer siebzig Meter Höhe, als sei es nichts.

Die Völker, die die Küste von Alaska bis Kalifornien seit fast 3000 Jahren ursprünglich besiedelten, erlebten die Ankunft der ersten Entdecker erst relativ spät. Es sind sehr entfernte, schwer zu erreichende Gebiete mit einem im Nordteil sehr rauen Klima, die lange Zeit von den Handelsrouten abgeschnitten waren. Erst 1769 gehen die Spanier von der mexikanischen Küste kommend in Santa Cruz vor Anker, als erste Europäer, die die Redwoods entdecken – sie nennen sie *palo colorado*, rotes Holz. Ganz im Norden, in Alaska, lassen sich um 1740 russische Zobeljäger nieder. Sie werden von einer anderen reichlich vorhandenen Fellquelle, den Seeottern, dorthin gelockt. Ihre ersten Erfolge bestehen, ganz in der Tradition der Kolonisten seit 1492, in der Verslavung der Bevölkerung auf den Aleuten. Der große Auftritt der Europäer in dem Gebiet findet erst nach den Erkundungen von James Cook statt, zwanzig Jahre nach Ankunft der Russen. Die Engländer begreifen sofort, dass der Handel mit Otterfell eine wahre Goldgrube ist, und organisieren die massenhafte Abschlachtung der Tiere, die etwa um 1850 fast ausgestorben sind. Die Tragödie erklärt sich mit der außerordentlichen Qualität von Otterfell, dessen Haare so fein und dicht sind, dass aus keinem anderen Fell so exquisite Mäntel und Mützen gemacht werden können. Da die Chinesen ganz versessen darauf sind und auch bereit, immer höhere Preise dafür zu bezahlen, etabliert sich ein Handelsweg vom Pazifik über Hawaii nach China. Die Felle werden gegen Porzellan, Tee oder Seide eingetauscht, dazu kommt noch Sandelholz aus Hawaii.

Die Geschichte des Massakers an den Ottern fügt sich in diese insgesamt finstere historische Epoche ein. Die Expeditionen sind riskant, die erwarteten Gewinne schwindelerregend und die Schiffsbesatzungen so geldgierig wie brutal. Die Beziehung zu den Indigenen ist schnell vergiftet, man bekämpft und tötet sich. Die Europäer bekommen am eigenen Leib zu spüren, dass diese Völker, die sie für Wilde hielten, Handelsinteressen ebenso schnell übernehmen wie die Handhabung von Feuerwaffen und sogar die Kanonen der Schiffe entwenden, um sich zu verteidigen. Allerdings werden jene Gemeinschaften mit ihrer Kultur von Norden nach Süden rasch dezimiert, viele verschwinden ganz. Sie haben vom Meer und vom Wald gelebt, und als die Europäer und Amerikaner beschließen, sich ihrer Ressourcen zu bemächtigen, bleiben ihnen keine Rückzugsmöglichkeiten.

Die Ausbeutung der Wälder schließt Mitte des 19. Jahrhunderts lückenlos an die Ausrottung der Seeotter an. Die Ersten, die die Mammutbäume fällen, sind Russen, die fast bis nach San Francisco vordringen, 1812 ein Fort bauen und die ersten noch ganz primitiven Sägewerke einrichten. Zwanzig Jahre später ist die lokale Nachfrage nach Holz bereits sehr groß, und viele Seeleute verlassen die englischen und amerikanischen Schiffe, da sie es vorziehen, sich im Wald anzusiedeln, um von der Jagd und vom Holzfällen zu leben. In den Sequoiawäldern um Monterey und Santa Cruz versuchen die Menschen, es mit der gigantischen Größe der Bäume aufzunehmen. Das erste mit Wasserkraft betriebene Sägewerk wird 1834 errichtet, zehn Jahre später nutzt man bereits die ersten Dampfmotoren. Niemand ahnt, dass ihnen eine Revolution bevorsteht, die dem Wald die größte Abholzung der Geschichte bescheren wird. 1848 wird im gerade amerikanisch gewordenen Kalifornien Gold entdeckt, als man auf dem Grundstück von John Sutter ein Sägewerk baut – berühmt ist die Geschichte durch Blaise Cendrars' Roman *Gold*. Mit dem Goldrausch betritt Kalifornien eine neue Ära, in der die Nutzung des Redwoodholzes sich als deutlich lukrativer erweisen wird als das launische gelbe Metall.

Meine Eltern kamen genau ein Jahrhundert nach dem Goldrausch nach Kalifornien. Es war das Ende des Krieges, aber es war eher der Rausch der Freiheit in der Neuen Welt, der sie zur Auswanderung getrieben hatte. Als Holzingenieur wollte mein Vater die amerikanischen Wälder sehen, die in Europa für ihre Schönheit und ihren Baumreichtum berühmt waren. Die beiden reisten mittellos durchs Land und arbeiteten, wo es sich anbot. In Idaho war mein Vater in einem Sägewerk beschäftigt, als man ihm anbot, im Wald zu arbeiten. Rund um die Stadt Boise lernte er die Welt der amerikanischen Holzfäller kennen und fühlte sich dort sehr wohl. Meine Eltern hatten vor, nach Alaska zu gehen. In San Francisco, wo sie heirateten, trieben sie ein altes Auto auf und fuhren durch das riesige Kanada bis nach Fairbanks. Die Bäume in Alaska waren nicht sonderlich dick, mein Vater erwarb die Konzession zur Fällung und zum Verkauf von Brennholz. Als er aus Amerika zurückkehrte, bekam er, weil er in Alaska gewesen war, den Spitznamen Witou, der ihm sein ganzes Leben lang blieb. Ein augenzwinkernder Verweis auf den großen Entdecker Paul-Émile Victor, der in den 1950er-Jahren sehr populär war und dem die Inuit Grönlands als Zeichen der Aufnahme in ihre Gemeinschaft einen Namen ihrer Sprache gaben. Man muss sich den Winter in Alaska vor Augen führen: Meine Eltern haben ein paar kleine Fotos behalten, die meine Mutter vor dem Hintergrund von schneebeladenen Dächern, Schlitten und Brennholzscheiten zeigen. Sie strahlt auf den Bildern, weil sie gerade erfahren hat, dass sie schwanger ist. Da mein Vater noch mehr Geld verdienen wollte, kehrte sie vorerst allein nach Frankreich zurück. Er hatte gehört, dass starke Arbeiter gesucht wurden, um Mammutbäume in Nordkalifornien zu fällen, und wollte dort sein Glück versuchen. Meine Geburt im September wurde ihm per Telegramm mitgeteilt. Er befand sich in Klamath, einem Dorf im kalifornischen Norden, wo man 1952 noch immer Sequoias in erheblichem Umfang fällte.

Die einzigen Fragen, die sich dabei stellten, waren technischer Natur: Es ging um die Schwierigkeit, Zugangswege anzulegen, um die Maschinen im Wald oder um Fortschritte bei der ersten Generation von Motorsägen. Das Land lebte vom Holz, Holzfäller wurden bewundert und verdienten sehr gut, und niemand hatte moralische Bedenken angesichts der Beseitigung jahrhundertealter Bäume. Die Vorstellung, dass die Nutzung der Natur ihre Grenzen hatte, war etwas für eine Handvoll Wissenschaftler und Pioniere des Umweltschutzes. Mein Vater erzählte mir oft, dass auch er sich keine Gedanken gemacht habe, die Arbeit sei hart gewesen und habe ihn völlig absorbiert. In einem der Briefe, die er im April 1952 aus Klamath an seine Eltern schrieb, findet sich eine sehr aussagekräftige Passage:

> *All diese Hügel, die Canyons, alles ist von diesen Riesenbäumen mit ihren makellosen geraden Stämmen ohne niedrige Äste bedeckt. Stämme von zwei bis drei Metern Durchmesser und einer Höhe von siebzig bis hundert Metern. Und mittendrin muss man sich den spektakulären amerikanischen Maschinenpark vorstellen. Die Raupen brummen, die Seile drehen sich, die riesigen Pfosten ächzen unter der Spannung der Seile, die Stämme fliegen in die Luft Richtung Laster, die sie ins Sägewerk fahren. Die, die hier*

arbeiten, sind richtig harte Kerle, bei denen man besser nicht zu große Töne spuckt. Die Gascogner haben nichts zu melden …

In Frankreich haben sich Witou und meine Mutter Catherine nicht lange mit Erinnerungen an Alaska und Kalifornien aufgehalten, sondern sich in den Aufbau ihres Unternehmens gestürzt. Mein Vater hatte ein neues Kapitel aufgeschlagen, er fällte Bäume, um andere davon zu überzeugen, es mit seinen Maschinen zu machen. Meine Mutter ließ meine Schwester und mich nur hin und wieder an ihren Erinnerungen teilhaben, zum Beispiel an die anstrengende Orangen- und Pfirsichernte in Kalifornien oder den Schnee in Fairbanks. Außerdem hatten wir zu Hause ein großes Buch, das meine Mutter in einer Buchhandlung in Eureka gekauft hatte, das Zentrum des goldenen Zeitalters der Mammutbäume. Es war ein mit Schwarzweiß-Fotos illustrierter Band über die Geschichte der Redwoods. Auf einem Bild sah man fünfzehn Männer in etwas sitzen, was wie ein gefällter Baum aussah, tatsächlich jedoch handelte es sich um einen Einschnitt, den man zur Vorbereitung der Fällung in einen der Riesen geschlagen hatte, so groß, dass alle darin posieren konnten. Ein anderes Foto zeigte eine Familie, die einen Baumstumpf in ein Haus verwandelt hatte. Sie hatten ihn ausgehöhlt, Fenster hineingeschnitten und mit einem Dach aus Holzschindeln bedeckt. Die Eltern mit den zwei Töchtern schauten ernst in die Kamera. Alle Bilder stammten aus den Jahren 1900 bis 1910. Ich habe das Buch immer noch, ein ungewöhnliches Lebenszeugnis derer, die sich ab 1850 aufgemacht hatten, den Wald zu erstürmen. Es sind schöne, aber auch verstörende Fotografien, sowohl wegen der Lebensumstände der Menschen als auch wegen des Schicksals der Bäume, die sie mit rastlosem Eifer gefällt haben. Es sind die Bilder eines außergewöhnlichen Epos.

9.

Das Gold der Redwoods

Im Humboldt Redwoods State Park oder in den Parks weiter nördlich entlang der Küste, wo die noch vorhandenen Mammutbäume geschützt werden, bilden imposante Baumstümpfe die Kulisse der letzten Flecken des ursprünglichen Waldes, an den sie erinnern. Oft zwei oder drei Meter hoch und ein Jahrhundert alt, behalten sie praktisch unverändert die Form, die sie beim Fällen des Baums hatten. An vielen sind noch heute die Nuten deutlich sichtbar, die die Holzfäller hineinschlugen, um Bretter zu befestigen, die ihnen ermöglichten, im Bereich oberhalb der Wurzeln anzusetzen. Ich lege meine Hände in diese Kuhlen – das Holz ist noch immer fest – und überlege, wie die Männer 1920 wohl die Fällung vorbereiteten. Die Überreste gerodeter Wälder berühren einen immer, und die der Mammutbäume sind sehr haltbar, sie wollen nicht verschwinden und fügen sich in den langsamen Rhythmus der lebenden Exemplare, der mit der menschlichen Zeit nichts zu tun hatte, bis die Baumfresser sie verschlangen.

So richtig beginnt die Abholzung 1850, als der Zuzug Zehntausender Abenteurer den Bedarf an Bauholz explodieren lässt. Das Tempo dieser Entwicklung ist ebenso verblüffend wie ihr Ausmaß. Beginnend rund um San Francisco arbeiten sich die Holzfäller in nicht einmal zehn Jahren über Hunderte Kilometer die Küste entlang vor. Überall, wo es passend erscheint, errichtet man provisorische Sägewerke und Anlegestellen, um Balken und Bretter zu verladen. In den Wäldern entstehen neue Städte, wie die mit dem treffenden Namen Eureka, die zur Hauptstadt der Waldbewirtschaftung wird. Im Wald lösen nach und nach primitive Lokomotiven auf Holzschienen Ochsen und Pferde ab. 1880 werden die ersten Stahlschienen verlegt, und die ersten Maschinen dringen in den Wald vor. Dieser Holzrausch folgt unmittelbar auf die Auslöschung der indigenen Völker im vorhergehenden Jahrhundert, eine Kontinuität der Vernichtung von Menschen, Tieren und Bäumen. Wie sollte man im Schicksal der Pazifikküste nicht das düstere Abbild der umfassenden Erschütterungen des 19. Jahrhunderts erkennen, einem Cocktail aus unerhörten technischen Fortschritten und dem gierigen Verlangen, sich die Natur Untertan zu machen? Überallhin strömen die Menschen mit ihren Gerätschaften, um die Erde auszuplündern.

Die ersten Holzfäller in Kalifornien ähneln denen, die in Gustave Dorés Darstellung die Zedern fällen. Die aufkommende Fotografie begleitet die Geschichte der Abholzung der Mammutbäume. Das erste bekannte Bild stammt aus dem Jahr 1853, es zeigt fünf Holzfäller im Wald mit einem riesigen Stück Redwood, das gerade von Ochsen abtransportiert wird. Es weist die typische Unschärfe alter Fotos auf, die Männer blicken starr, Hüte auf dem Kopf und Äxte in der Hand. Meine Gedanken wandern dabei vom Wald in die Wüste, denn es erinnert mich an die verschwommenen Abzüge, die Rimbaud von seinen Selbstporträts aus Äthiopien dreißig Jahre später gemacht hat – man wünscht sich beim Betrachten immer, der Nebel darauf möge sich verziehen. Viele der ersten Holzfäller waren sozusagen Veteranen des Waldes der amerikanischen Ostküste. Sie kamen aus Maine, wo die Bäume schon seit Ende des 17. Jahrhunderts für den Schiffsbau gefällt wurden. Das Gold und die Gerüchte über die Größe der Sequoias brachte sie dazu, das gesamte Land zu durchqueren, eine recht gewagte Angelegenheit, da Kalifornien noch weithin unerforscht war. Die Bilder zeugen von ihrer Überraschung angesichts der Bäume, die sich niemand so groß vorgestellt hatte. Die erfahrenen Arbeiter bekamen Unterstützung von Leuten verschiedenster Nationalität, die nichts als ihre Arme anzubieten hatten, überwiegend Einwanderer aus Europa, aber auch

Chinesen, desertierte Matrosen, enttäuschte Goldsucher oder ausgehungerte Jugendliche, sie alle wollten einen Teil vom großen Profit abhaben, den der Handel mit Balken, Brettern und *shingles* (den Dachschindeln aus Holz) versprach. Harzfrei, widerstandsfähig gegen Insekten und Pilze und kerzengerade – das Holz des Mammutbaums war wie kein anderes fürs Zimmern und Schreinern geeignet. Ein einziger Baum lieferte genug Holz für 22 Häuser à 5 Zimmer.

Die Trupps bestanden aus zwölf Leuten, drei davon arbeiteten mit Äxten, drei oder vier Meter langen Sägen und Keilen, um die Stammabschnitte zu spalten. Die Fällung eines Baums dauerte eine Woche. Er wurde entrindet, bevor man ihn in Abschnitte von acht bis zehn Metern teilte, die schließlich gespalten wurden, häufig unter Zuhilfenahme von Schießpulver oder Dynamit. Die Teile mussten dann vom Stumpf zu den Wegen gerollt werden, wo die Zugtiere warteten. Auf den *skid roads*, mit Holzstämmen belegten Pisten, zogen Gespanne mit zwölf Ochsen die Stammabschnitte bis ins Sägewerk. Die Ochsen trugen lederne Überzieher mit Nägeln, damit sie auf dem aufgeweichten Holz und im Matsch vorankamen. Die *skid roads* schlängelten sich bald überall durch den Wald, und innerhalb von dreißig Jahren wurde dank dieser Technik das gesamte Holz der Mammutbäume abtransportiert. Es beschäftigt mich, dass dieses Vorgehen der Abholzung der libanesischen Zedern in der Antike so ähnlich ist. Im Abstand von dreitausend Jahren messen sich die Männer mithilfe der gleichen Werkzeuge und Gespanne mit den Bäumen, nur dass Ketten die Seile ersetzt haben. 1881 erfindet ein gewisser John Dolbeer eine dampfbetriebene Winde, die er auf einen Schlitten montiert, um sie zum Ort der Fällungen zu transportieren. Die Nutzung von Maschinen setzt der 4000 Jahre alten Bewirtschaftung der Wälder per Hand und Tierkraft, an deren Anfang Gilgamesch stand, ein Ende. Es gibt schnelle Fortschritte, die Maschinen entwickeln sich weiter, bald kann man sich kilometerlanger Kabel bedienen, dann bewegt man die Winden auf Holzschienen, auf die die Eisenbahn folgt. Um 1900 sind die Ochsen aus den Wäldern verschwunden, und 1914 verbindet eine mehr als 400 Kilometer lange Eisenbahnstrecke Eureka mit San Francisco.

Zu Beginn des letzten Jahrhunderts sind die Menschen ganz versessen auf diese monströsen Bäume, vor allem auf die gefällten Exemplare, die sie wie Zirkustiere vorführen können. Auf Fotos posiert man wie mit Jagdtrophäen und versucht sich gegenseitig zu überbieten: ein Reiter auf seinem Pferd im ausgehöhlten Stamm eines gefällten Baums, Menschentrauben auf den riesigen, auf Wagons geladenen Holzblöcken, je spektakulärer, desto besser. 1893 wird in Chicago das größte jemals gesägte

Brett ausgestellt, es ist mehr als fünf Meter breit. Für einen Wettbewerb in London schafft man eine riesige Baumscheibe heran, die als Tischplatte vierzig Gedecken Platz bietet. Und bald bohrt man sogar einen Tunnel durch einen Baum, um ein Auto durchfahren zu lassen, ein nach wie vor beliebter Spaß, für mich dagegen eine Obszönität. Das Herz eines Baums zu durchbohren, um einen Motor hindurchzuschieben, finde ich entsetzlich, eine absurde Verstümmelung, um die erbärmliche Macht des zerstörerischen Menschen über den wunderbaren Baum zu demonstrieren.

Fotos der 1920er-Jahre zeigen Züge, die über wackelig und provisorisch wirkende hölzerne Brücken durch die Wälder fuhren. Die aneinandergereihten Wagons voll mit Teilstücken der jahrtausendealten Bäume lassen mich an den Abtransport der zerbrochenen Säulen eines imaginären Tempels denken, zerstört innerhalb nur eines Jahrhunderts mit einer Entschlossenheit, die nichts und niemand bremsen oder anhalten kann. Ob die Tempel aus Zedern oder aus Mammutbäumen gebaut wurden – ihr Schicksal ist mit dem Anfang- und Endpunkt unserer Geschichte verbunden, und das Verschwinden dieser beiden Weltwunder erschüttert mich. Innerhalb von fünfundsiebzig Jahren, von 1850 bis 1925, ist bereits ein Drittel der Mammutbäume gerodet, bis 1970 verschwindet fast der gesamte Rest. Bei den Urwäldern, die heute in Regionalparks und im Redwood-Nationalpark geschützt werden, handelt es sich lediglich um vier Prozent der ursprünglichen Flächen. Die Einführung des Caterpillar für die Waldwirtschaft im Jahr 1930 und die der Motorsägen am Ende der 1940er-Jahre markieren den endgültigen Sieg der Technik über die Natur. Der Caterpillar ist ein Traktor auf einer Raupenkette, der wie ein Panzer ohne Waffen alle abgeholzten Flächen erreicht, Pisten bahnt, Hänge erklimmt und Baumrinde wegschafft. Die Kettensäge motorisiert den Holzfäller, und die Welt des Waldes gerät ins Wanken.

Auch wenn sich die erste Empörung über die Rodung der Redwoods bereits in einem Artikel von 1853 niederschlägt, ist es der Schotte John Muir, der sich seit 1868 in Kalifornien aufhält und wegweisende Überlegungen zum Schutz der Wildnis des amerikanischen Westens anstellt. Zuerst gelingt es ihm, den sich über drei Bundesstaaten erstreckenden Yellowstone-Nationalpark zu gründen, eine Weltpremiere. Dann entdeckt er die Mammutbäume im Yosemite und kann Präsident Theodore Roosevelt überzeugen, 1890 einen weiteren Park zu schaffen. Seine Ideen, seine Schriften und sein Renommee bewirken viel für den Naturschutz, er ist dessen wesentlicher Vorkämpfer in der westlichen Welt. In seiner Nachfolge wird Kalifornien zum Schauplatz der Auseinandersetzungen zwischen den großen forstwirtschaftlichen Gesellschaften und den Baumschützern. Der Kampf beginnt in den 1920er-Jahren und setzt sich in zahlreichen, teilweise tragischen Etappen bis heute fort.

Die großen kalifornischen Holzunternehmen haben mit den Mammutbäumen ein Vermögen verdient und an der Rodung der Primärwälder so lange und umfangreich wie möglich festgehalten, aus der Haltung heraus, dass alles Holz geschlagen gehört, vor allem die ältesten Bäume, die für krank erklärt wurden, was ihre schnelle Verwertung erforderlich mache. Das entscheidende Argument gegenüber Schutzbestrebungen lautet, junge Mammutbäume würden aus den Stümpfen der gefällten wachsen, womit die Regeneration des Waldes gesichert sei. Ersteres ist zwar richtig, doch so kann kein jahrtausendealter Wald ersetzt werden. Es gibt inzwischen viele Mammutbäume der sogenannten zweiten Generation, die teilweise auch schon hundert Jahre alt sind und selbst wiederum verwertet werden, zum Teil werden sogar sechzig Jahre alte Bäume gefällt. Doch die so entstehenden Wälder haben nichts mehr mit den Urwäldern gemein. Unter die jungen Sequoia-Triebe mischen sich andere Arten, und neue Techniken, wie die Aussaat per Helikopter, bewirken einen zu dichten Bewuchs, in dem die einzelnen Bäume sich schlecht entwickeln. Indem man aus den Flächen ein Maximum an Holz herauszuholen versucht, gewinnt die hochintensive Holzindustrie die Oberhand über Biodiversität und ökologisches Gleichgewicht.

Philantropie ist in der Industrie und Geschäftswelt der USA eine gängige und kulturell verwurzelte Praxis. Einige Vermögende der Ostküste, die über die Geschwindigkeit der Abholzung der kalifornischen Wälder bestürzt sind, versuchen daher in den 1920er-Jahren, sie zu bremsen. In zähen Gesprächen mit den Vertretern der Forstwirtschaft versuchen die Mäzene die Erlaubnis zu erhalten, Teile des Waldes zu einem Preis zurückzukaufen, der den Wert des darin enthaltenen Holzes übersteigt. Es sind angesichts der Gier der Forstwirtschaft harte Verhandlungen. Anstatt sich mit den Forstunternehmen anzulegen, kauft John Davison Rockefeller bereits bewirtschaftete Parzellen im Bereich des Humboldt County und rettet damit Areale, die heute die Pracht der ursprünglichen Wälder aufs Schönste belegen. Dass wir die Bewahrung eines der außergewöhnlichsten Wälder der Welt dem Nachkommen eines der größten Ölmagnaten des 20. Jahrhunderts verdanken, ist eine recht erfreuliche Ironie der Geschichte. Auf die Rockefellers folgen andere Philantropen, und so zeugen überall auf den Parkwegen Schilder vom finanziellen Engagement derer, die nicht wollten, dass noch die letzten Bäume der Profitgier geopfert würden.

Mitte der 1960er-Jahre kochen in Kalifornien kulturelle und politische Entwicklungen hoch, die sowohl die West- als auch die Ostküste der USA erschüttern. Der Widerstand der Hippies gegen den *American way of life* und der Kampf gegen Segregation und systemischen Rassismus weiten sich aus und diversifizieren sich. Rund um San Francisco, Big Sur und Monterey wächst rasch das Bewusstsein für ökologische Risiken und verbindet sich praktisch zwangsläufig mit dem Engagement für die Wälder. Die kalifornische Umweltbewegung realisiert, dass auch noch die restlichen 60 000 Hektar Urwald in Privatbesitz der Vernichtung anheimfallen könnten, wenn sie Parzelle für Parzelle an die Holzindustrie verkauft werden. Während des Kampfs für den Erhalt der letzten ursprünglichen Mammutbaumbestände, der Anfang der 1970er-Jahre mit sporadischen Aktionen beginnt, gibt es zwei einschneidende Ereignisse, die geradezu emblematisch sind für das wachsende Engagement.

Im Sommer 1990 protestiert die militante Organisation Earth First gegen die Verdoppelung der Fällzahlen in Primärwäldern, mit der die Pacific Lumber Company der Anwendung eines kalifornischen Gesetzes zur Begrenzung der Abholzung zuvorkommen will. Die Auseinandersetzung zwischen Earth First einerseits und der Führung und den Arbeitern der Pacific Lumber Company andererseits ist unter dem Begriff *Redwood Summer* bekannt. Die Aktionen bestanden etwa darin, Zufahrtswege, Lkw und Maschinen des Unternehmens zu blockieren, zu Füßen der Bäume zu kampieren oder sich an sie anzuketten. Damit gelang es der Organisation, die Abholzung signifikant auszubremsen, was zu wütenden Angriffen von Seiten der von Arbeitslosigkeit bedrohten Waldarbeiter führte, die das Unternehmen in seinem Sinne manipulierte. 1990 ist der Baum noch ein Zuschauer bei diesem Konflikt, einige Jahre später wird er zum zentralen Akteur.

Julia Hill, Spitzname Butterfly, war nicht die Erste, die auf einen Mammutbaum kletterte, um ihn vor der Abholzung zu bewahren. Doch ihre Geschichte ist insofern eine besondere, als sie geschlagene zwei Jahre, von 1998 bis 1999, auf zwei in sechzig Metern Höhe in einen Mammutbaum gebauten Holzplattformen verbrachte, ohne auch nur einmal herunterzusteigen. Aus ihrer Berühmtheit machte sie ein Buch: *Die Botschaft der Baumfrau*. Abgesehen von dem militanten, originellen und beeindruckenden Vorgehen ist die Affäre Julia Butterfly auch deshalb faszinierend, weil sie von der Entwicklung der Beziehung zwischen Menschen und Bäumen in unserem Zeitalter erzählt. Der unwahrscheinliche Erfolg der Aktion ist vor allem auf eine Liebesgeschichte zwischen einer Frau und einem Mammutbaum zurückzuführen, den Julia auf den weiblichen Namen Luna taufte. Julia gab ihrem Leben einen Sinn, indem sie sich mit Luna, dem Mammutbaum, den sie als ein fühlendes Geschöpf betrachtete, physisch und emotional verband. Ihre Ängste zu bezwingen und dauerhaft in einer von Julias Astgabeln zu leben, wurde mit der Zeit zu einer Selbstverständlichkeit. Ausgerüstet mit einem solarbetriebenen Mobiltelefon und versorgt über Seile, war ihr Lebensrhythmus von den Verhandlungen mit den Vertretern des gleichen Unternehmens bestimmt, mit dem sich schon die Aktivisten der Organisation Earth First auseinandersetzten. Dramatischer Höhepunkt und extremer Härtetest war einer dieser heftigen Stürme, wie sie hin und wieder über dem Pazifik entstehen und durch den Wald fegen. Drei Tage Windböen und Eisregen zwangen Julia dazu, sich stundenlang an Äste zu klammern, um nicht heruntergeweht zu werden. Schwer vorstellbar, wie man so etwas überlebt, für sie selbst jedoch war völlig klar, dass sie es Luna verdankte. Ihr Abenteuer endete erst, als sie mit dem Unternehmen aushandelte, dass Luna und die Bäume um sie herum geschützt werden. Die Rückkehr zur Erde stellte für Julia eine Herausforderung dar, und besonders bitter und tragisch wurde es für sie, als ein Unbekannter Luna im Juni 2000 mit einer Kettensäge verletzte. Zu zwei Drittel durchgesägt, wurde der berühmte Baum wieder hochgepäppelt und überlebte, doch die Realität kam zurück auf die Tagesordnung: Viele Menschen lieben Bäume, ein bisschen, sehr oder sogar leidenschaftlich, doch andere, und die sind in der Überzahl, mögen sie kein bisschen.

An einem klaren Septembermorgen wandere ich ganz allein durch den Rockefeller Grove des Humboldt Parks. Er ist für die höchsten Bäume berühmt, doch deren genauen Ausmaße bleiben umstritten. Die Messmethoden haben sich im Lauf der Zeit immer wieder geändert, außerdem gibt es alte Aussagen über noch höhere Bäume, deren Wahrheitsgehalt diskutiert wird. Der Riese von Dyerville ganz in der Nähe, dessen Wurzelstock mich so beeindruckt hat, maß 120 Meter, als er 1991 umstürzte. Einige Redwoods sollen sogar 125 Meter hoch gewesen sein, was eine Grenze darstellt, die Bäume nicht überschreiten können, aus Gründen der Hydraulik und weil ihre Fähigkeit, den Pflanzensaft in die Höhe zu transportieren, begrenzt ist. Mit 120 Metern übertreffen die Küstenmammutbäume auf jeden Fall die größten Eukalyptusbäume Australiens und dürfen damit den Titel »größte Baumart der Welt« getrost für sich reklamieren. Humboldt County war seit dem Goldrausch ein Brennpunkt der Ausbeutung und Abholzung der Wälder, der Humboldt Redwoods State Park wird heute von der berühmten Avenue of the Giants durchschnitten, einer wunderschönen Straße, die einem angesichts der Kolosse, die sie säumen, winzig vorkommt. Die Gegend ist auch Schauplatz der bekanntesten Episoden im Kampf für den Erhalt der Bäume. Auch Luna steht in der Nähe, an einem geschützten, vom Publikum abgeschirmten Ort.

All diese Geschichten gehen mir durch den Kopf, während ich hier wandere. Man könnte vom Geschrei der Welt nicht weiter entfernt sein als in diesem Waldstück, das von einem Fluss gesäumt wird. Hier duftet es nach dem Paradies. Die Bäume sind natürlich alle riesengroß, aber wie kann man sie jenseits von schnöden Zahlen beschreiben? Vier oder fünf Meter Stammumfang sagen erst einmal nicht allzu viel aus. Ein paar Schritte vor mir sehe ich eine Mauer – es ist ein Stamm, dessen Dicke mit dem Anblick von Bäumen, wie wir ihn gewohnt sind, nichts mehr zu tun hat. Diese Stämme stehen so eng – manchmal trennen sie weniger als zehn Meter –, dass man sich kaum vorstellen kann, wie der Boden eine solche Masse an lebendem Holz beherbergen kann. Die Schäfte ragen in ihrem Mantel aus braunroter Rinde und mit unvergleichlicher Eleganz gen Himmel, eine Linie, der ich mit dem Kopf im Nacken folge. Sehr weit oben erscheinen die ersten Äste und Nadeln, die Wipfel sind schwer erkennbar. Ein paar Vogelstimmen durchdringen eine Stille, deren Qualität und Dichte ein typisches Kennzeichen besonders schöner Wälder ist. Während meine Füße über den weichen Humus schweben, höre ich den Fluss plätschern. Ich steige über Baumstümpfe hinweg, die es noch erstaunlicher erscheinen lassen, wie dicht die noch lebenden Bäume hier stehen. Nach zwei Stunden in dieser Oase der Schönheit und Ruhe ist es schwer zu begreifen, warum das Schicksal der letzten tausendjährigen Mammutbäume noch immer in Frage steht. Offenbar genügen weder harte Fakten noch die Kraft ihrer Schönheit für ihren Schutz. Beim Gehen überlege ich, ob die Geschichte von Julia Butterfly vielleicht den Beginn einer bedeutenden Veränderung markiert, das Zeichen für die Verschiebung unserer kollektiven Wahrnehmung ist, vom Baum als Objekt zum Baum als Lebewesen. Julia war der allmählichen Annäherung von Bäumen und Menschen, zumindest im Westen, voraus. Das Bäume-Umarmen hat sie auf die Spitze getrieben, indem sie sich im Orkan mit all ihrer Kraft an Lunas Äste klammerte und dem Mammutbaum, wie sie es ausdrückt, ihr Leben anvertraute. Ein Vierteljahrhundert später werden es immer mehr Menschen, die Bäume umarmen, zum Waldbaden gehen und in Baumhäusern schlafen. Es ist die Suche nach einer Verbindung zu diesen Lebewesen, die wir verloren haben, nachdem sie so lange eine Selbstverständlichkeit im Leben der Tropenvölker und aller auf dem Land lebenden Menschen gewesen war.

Ich habe den Park verlassen und fahre Richtung Norden. Ich möchte Klamath besuchen, in Erinnerung an meinen Vater. Es ist eine bescheidene Siedlung mit weniger als tausend Einwohnern, an der Mündung eines großen Flusses gelegen, der sich inmitten der Wälder in den Ozean ergießt. Hier und da stehen noch ein paar dicke Sequoias am Straßenrand und nahe an den Häusern, ewige Wächter und Bewahrer der Erinnerung. Die Bretter einer nagelneuen Holzterrasse vor einem kleinen Café sind von schöner beige-rosa Farbe und riechen intensiv nach Nadelbäumen. Die Kellnerin bestätigt mir, dass die Terrasse eben erst fertig gebaut wurde und ausschließlich aus dem Holz der Mammutbäume besteht. Besseres gibt es nicht, davon ist sie überzeugt. Ich frage, ob die Gegend denn genug Bäume für die Zimmereien hergibt. Sie lächelt, aber ich sehe genau, dass sie meine Frage dämlich findet. Ja natürlich, antwortet sie, außerhalb der Naturschutzgebiete sind die Wälder doch voller Holz zum Fällen. Ich muss an meinen Vater denken, der an den damals noch ganz jungen Bäumen vorbeigekommen sein muss, Triebe aus den abgeholzten Stämmen der Pionierzeit, die heute hundert Jahre zählen und damit fällreif sind. Ich halte meine Nase an das Geländer, um den Geruch der Redwoods in mich aufzunehmen. Im Wald ist der Duft dieser Bäume nicht sehr intensiv, er ist gefangen hinter ihrer dicken Rinde, die Nadeln stecken in den Wolken, aber ihr Holz, das kein Harz enthält, riecht hervorragend. Ich schließe die Augen, und mir geht durch den Kopf, dass alle Hölzer riechen, egal wo man sich befindet. Sie bergen die gesamte Bandbreite an Düften, von ganz zart bis sehr kräftig. Die Bäume der zweiten Generation können die Geschichte der Abholzung des Primärwaldes nicht auslöschen, aber ihr enormes Wachstum macht sie recht schnell zu »Riesenbabys« – und ein Symbol der Kontinuität und des Stolzes für die ganze Region. Anderswo, in vielen tropischen Regionen, bekommen die Bäume keine zweite Chance. Man fällt sie, man zerstört sie und pflanzt etwas anderes. Auf der Insel Borneo war ich Zeuge dieser Tragödie.

10.

Die Palmen und die Kiefern

Meine kindliche Vorstellung vom tropischen Regenwald war von einem speziellen Foto geprägt. Ein Zimmer unseres Hauses diente meinen Eltern als Büro, es war leuchtend blau gestrichen und ließ schon dadurch an einen Tropenhimmel denken. Dort hing eine große, bunte Fotografie, auf der man einen Mann von hinten erkennen konnte. Er hielt eine Kettensäge in der Hand und war dabei, einen riesigen Baum zu fällen. In der prallen Sonne trug er Shorts und Sandalen, er war blond und schlank und wirkte im Vergleich zu dem grauen Stamm und dem roten Sägemehl des Baumkolosses sehr zerbrechlich. Dieser Kontrast hatte etwas Abenteuerliches an sich und regte meine kindliche Fantasie an. Die Szene zeigte den Geschäftspartner meines Vaters 1959 in der Elfenbeinküste bei der Fällung eines großen Makorés (auch afrikanischer Birnbaum genannt). Sie waren Studienkollegen und waren gemeinsam aufgebrochen, um in Amerika ihr Glück zu versuchen. Pierrick hatte für die gemeinsame Firma mehrere Motorsägen-Werbetouren nach Afrika unternommen. Das Bild hat sich mir tief eingeprägt, da es so typisch ist für die damalige Haltung der Menschen zu tropischen Bäumen: Es ging um die sportliche Herausforderung und um die erfolgreiche Eroberung der Wildnis. Hundert Jahre nachdem die Europäer diese Wälder betreten hatten, setzte Pierrick die unhinterfragte und unerbittliche Ausbeutung der »Holzminen« dieses Landes fort. Erst sehr spät und auch nicht einvernehmlich würde sich unser Blick auf die Nutzung von Edelhölzern aus Urwäldern verändern. Ein Bewusstsein dafür, dass hier etwas Unwiderbringliches zerstört wird, gibt es noch gar nicht lange, und es ist noch nicht verbreitet genug, um der Zerstörung ein Ende zu setzen.

Auf der großen Insel Borneo, aufgeteilt zwischen Indonesien und Malaysia, erstreckt sich einer der größten tropischen Feuchtwälder der Erde. Als ich vor einigen Jahren in den malaysischen Bundesstaat Sabah flog, hatte ich abgesehen von dem Foto von 1959 zugegebenermaßen die üblichen stereotypen Vorstellungen von solchen Ländern: bergige Dschungel, üppige Vegetation, Orang-Utans und Leguane, und warum nicht auch ein paar Tiger? Ich landete ziemlich brutal auf dem Boden der Tatsachen. Vom Flughafen aus brauchte ich sechs, sieben Stunden, um mein eigentliches Ziel, einen kleinen Ort im Tawau-Distrikt an der Celebessee, zu erreichen. Den Schock erlitt ich beim Verlassen der Stadt. Die Landschaft bestand aus einer Abfolge von Ölpalmenplantagen, sowohl in der Ebene als auch auf den Hügeln. Manche bestanden aus erwachsenen Bäumen mit dicken Stämmen und dunkelgrünen Blättern, durch die kein Sonnenlicht drang. Sie wechselten sich mit langen Reihen junger Bäume und großen Flächen mit Jungpflanzen ab. Nach anfänglicher Verblüffung und einer Stunde Fahrt war mir dann klar, dass die Ölpalmen-Monokultur die gesamte Landschaft okkupierte. Die Monotonie wurde nur durch die Hügelkuppen unterbrochen, auf der noch kleine Haine tropischer Bäume standen, da die Hangneigung eine Bepflanzung mit Ölpalmen nicht erlaubte. Der Anblick dieser kläglichen Büschel natürlicher Vegetation war von der Postkartenidylle, die ich mir vorgestellt hatte, weit entfernt. Während der stundenlangen Fahrt änderte sich an der Landschaft rein gar nichts, nur manchmal kamen wir am Rand der Plantagen an einer Gruppe Arbeitern vorbei. Sie trugen rote Helme, Regenjacken und gelbe Stiefel und hielten lange Stangen in der Hand, mit denen sie die großen Fruchttrauben ernteten, die dann am Straßenrand aufgeschichtet wurden. Mein Fahrer zeigte mit zufriedenem Lächeln auf eine Rauchfahne in der Ferne, die auf eine Ölfabrik hinwies. Laster beladen mit Palmfrüchten fuhren in ihre Richtung. Von Zeit zu Zeit kamen wir auch an rauchenden, also frisch brandgerodeten Feldern vorbei. Am Feldrand schoben Bulldozer noch ein paar halb verkohlte Bäume zur Seite. Diese Flächen erstreckten sich bis zum Horizont, unterteilt durch riesige Haufen aus Holz und Erde. Praktisch überall loderten ein paar Flammen, und als wir diesen Abschnitt hinter uns ließen, reihte sich wieder eine Plantage an die andere.

Nach vier Stunden Fahrt bat ich um eine Pause. Ich merkte, wie Übelkeit in mir hochstieg. Mir war, als spürte ich die Vernichtung des Tropenwalds am eigenen Leib. Noch zehn Jahre früher, so versicherte mir der Fahrer, war dieser Teil der Provinz komplett bewaldet. Grandios, jubelte er, das Palmöl sei eine großartige Chance für die Menschen dieser Region, die Grundbesitzer, Plantagenbetreiber, Pflücker und Fabrikarbeiter. Und der Wald?, fragte ich. Er war wertlos, antwortete er, ein Großteil der schönsten Bäume sei schon vor langer Zeit gefällt worden, und dass man diese Flächen überhaupt noch verkaufen konnte, kam völlig unverhofft.

Die Palmölplantagen zogen den ganzen Tag über an mir vorbei. Reste von Tropenwald waren nur an Flüssen oder Steilhängen übriggeblieben. Dort, wo er auch nur in bescheidener Form überlebt hatte, fand sich der für tropische Wälder typische Schatten, Bäume in allen Größen, Lianen, Bambus, Dickicht und natürlich Vögel, alles in einer nur scheinbar chaotischen Überfülle.

Ich war gekommen, um M. Harris zu besuchen, einen ehemaligen Gouverneur unter dem britischen Protektorat, der zum Zeitpunkt der Unabhängigkeit als Abfindung einige Hektar Grund hatte erwerben dürfen, denen er sich seit dreißig Jahren mit großer Leidenschaft widmet. Er wollte dort all das kultivieren, was an Nutzpflanzen und Wald in diesem Klima besonders gut gedieh. Die Plantagen für die Palmölindustrie reichen bis zu seinen Ländereien, um die er einen breiten Gürtel Urwald hatte stehen lassen. Beim Aufstieg zu seinen Häusern konnte man seine Teak- und Aquilaria-Pflanzungen sehen, letztere eine Baumsorte, aus der das berühmte Oud gewonnen wird, eine in der Parfümindustrie sehr begehrte Essenz. Am Spätnachmittag erlebte ich dann das genaue Gegenteil der monotonen Ölbaumplantagen. Das Anwesen durchzog ein Flüsschen, dessen bewaldetes Ufer von Vogelgezwitscher erfüllt war. Harris hielt Ziegen, produzierte Kompost und hatte exotisches Obst und Vanille gepflanzt. Er baute Patschuli und Zitronengras an und wünschte sich meine Beratung bei der Produktion ätherischer Öle. Er bemühte sich, sein Land möglichst vielfältig zu nutzen, und verzog das Gesicht, als ich die Palmölplantagen erwähnte. Von seiner Terrasse aus sah man zwei spektakuläre Bäume mit dicken weißen Stämmen, die vierzig Meter senkrecht in die Höhe wuchsen, wo sich eine ausladende Krone mit dunkelgrünen Blättern entfaltete. »Das sind *kayu raja*«, erklärte er mir, »die Könige der Bäume in unseren Wäldern.« Ich betrachtete sie eine Zeitlang zugleich nachdenklich und gerührt. So selbstverständlich, wie es für Pierrick gewesen war, den Makoré zu fällen, war es ein halbes Jahrhundert später für M. Harris, seine prachtvollen Riesen zu bewahren.

Mir wurde klar, dass mir mein Besuch auf Borneo das schwierige Schicksal vieler tropischer Wälder in konzentrierter Form vor Augen führte. Der Mann aus dem Westen stemmte sich gegen die aus seiner Sicht mörderische Abholzung, während sein einheimischer Fahrer deren Vorteile erörterte. M. Harris setzte der Ölpalmenflut seinen vorbildlichen Betrieb entgegen, der seiner Ansicht nach in der Region Schule machen könnte, weil er den Landwirten breitgefächerte Einkommensquellen bot. Auf der einen Seite die Agrarindustrie, die zum Preis einer massiven Waldzerstörung Wohlstand schuf, auf der anderen eine alternative Methode der Landnutzung, auf den ersten Blick verlockend, aber von sehr begrenzter Dimension. Dieser Besuch hat einen bleibenden Eidruck bei mir hinterlassen, weil der Ex-Gouverneur auf seinem Grund und Boden intuitiv die zwei Möglichkeiten realisiert hatte, Widerstand gegen die Verwüstung der Wälder zu leisten: die Schaffung von Schutzräumen und die Neupflanzung.

Die weltweite Entwaldung wird in den Medien zu Recht ausgiebig thematisiert, und um sie zu illustrieren, genügen einige große Zahlen, die allerdings über die komplexen Zusammenhänge wenig aussagen. Klar ist, dass die Menschheit, seit sie in der Lage ist, Äxte herzustellen, die Hälfte der Erde entwaldet hat. Von den verbleibenden Wäldern können nur noch ein Drittel als Primär- oder Urwälder bezeichnet werden, als wirklich wilde Flächen, auf die der Mensch keinerlei Einfluss genommen hat. Noch immer gehen die Waldflächen weltweit zurück, auch wenn sie im Westen gerade wieder zunehmen. Dieser Rückgang beruht vor allem auf der fortschreitenden Abholzung tropischer Wälder – alle fünf Jahre, so schätzt man, verschwindet eine Fläche von der Größe Frankreichs. Das ist viel. Das ist enorm viel. Wenig überraschend sind es Brasilien, Kongo und Indonesien, die am meisten Urwälder verlieren, aber die Liste ist lang, und keines der drei großen Tropenwaldgebiete bleibt ausgespart. Warum wird Wald gerodet? In erster Linie werden große Mengen tropischer Bäume wegen ihres wertvollen Holzes gefällt. Darüber hinaus drängt die Industrie den Wald zugunsten von Anbauflächen zurück, was sie mit dem menschlichen Bedarf an Palmöl, Kakao und Kautschuk rechtfertigt. Zur Fleischproduktion verwandelt sie Wälder in Weideflächen, und für diese Nutztiere muss wiederum immer mehr Soja und Mais als Futter produziert werden. Ein dritter Grund, der weniger Medienaufmerksamkeit bekommt: Menschen vernichten Wälder, um zu überleben. Auf brandgerodeten Flächen werden Nutzpflanzen angebaut, und man fällt Bäume, weil man Brennmaterial zum Kochen und zur Kohleproduktion braucht. Die Entwaldung hängt also auch mit dem Schicksal von Millionen armer Bauern zusammen.

Die Abholzung der Tropen ist keine neue Tragödie, doch das rasante Wachstum der Weltbevölkerung verschärft sie in einem Ausmaß, das das Überleben des Planeten gefährdet. Das Verschwinden von Bäumen und Wäldern beschleunigt den Klimawandel und die Auslaugung der Böden und ist ein Hauptgrund für den starken Rückgang der tierischen und pflanzlichen Biodiversität. Dies führt seit einigen Jahren zu Debatten, Dokumentationen, Studien, Berichten, Manifesten und mehr oder weniger radikalen Meinungsäußerungen. Dass das Problembewusstsein weltweit schnell zunimmt, ist unbestreitbar, doch wie soll man die Wucht dieser Auflehnung bemessen, wie die Zahl derer, die von der Notwendigkeit des Erhalts der Wälder überzeugt sind, im Verhältnis zu denen, die sich ein Einkommen davon versprechen oder ihren Lebensunterhalt davon bestreiten müssen. Doch mit dem klassischen Interessenskonflikt des reichen Westens und mit den aufstrebenden Entwicklungsländern lässt sich nicht alles erklären. Palmöl, Rindfleisch und Teakholz werden von der städtischen Bevölkerung weltweit konsumiert und genutzt. Die explodierende Verstädterung und die städtische Lebensweise tragen zur Entwaldung bei – zu Lasten der Menschen und der Natur in den Tropen.

Wir alle wünschen uns Lösungen. Die Vorstellung, die wilden Wälder könnten komplett verschwinden, ist verstörend, ja unerträglich, auch wenn dieser Zeitpunkt noch weit weg zu sein scheint. Bilder von den Ölpalmenplantagen bringen uns Bewohner der gemäßigten Breiten dazu, sehr viel aufmerksamer auf die Bewirtschaftung unserer Wälder zu achten und zwischen landschaftsbildenden Wäldern mit hoher Artenvielfalt und Baummonokulturen zu unterscheiden.

Die offensichtlichste Art, Wälder zu bewahren, ist, sie unter Schutz zu stellen, die letzten Urwälder zu Heiligtümern zu erklären, um ihre Abholzung und Ausbeutung komplett zu stoppen. Der religiöse Begriff des Heiligtums scheint vielleicht deplatziert, doch er fügt dem Aspekt des Schutzes noch den der Ehrerbietung hinzu. Der Reichtum, die Schönheit und der große Nutzen tropischer Wälder verleiten uns zu dem Glauben, ihre Bewahrung sei allgemeiner weltweiter Konsens, was nicht zutrifft. Ich habe die Gründe für ihren Rückgang genannt, die exzessive Nutzung von Edelhölzern seit den 1960er-Jahren einerseits, andererseits der seit rund dreißig Jahren offenbar unabwendbare Flächenfraß der expandierenden Agrarindustrie. Bei jeder weiteren Reportage über Amazonaswälder, die in Rauch aufgehen, wollen wir Stopp schreien. Hört auf damit! Lasst uns diese Wälder zu Heiligtümern der gesamten Menschheit erklären! Tatsächlich jedoch müssen wir zugeben, dass zwar eine ganze Reihe von betroffenen Ländern bereits seit Jahrzehnten in bemerkenswertem Ausmaß Naturparks und Schutzzonen einrichten, diese Maßnahmen aber den Rückgang der Wälder nicht eindämmen konnten. Die Amerikaner haben das Konzept des Naturschutzgebiets mit dem Yellowstone-Nationalpark erfunden. Man steckt ein bestimmtes Gebiet ab, kontrolliert den Zugang, überlässt die Natur – mehr oder weniger – sich selbst. Zwar wurde dieses Modell in aller Welt in teilweise abgewandelterer Form übernommen, es ist aber in der Durchführung nicht unproblematisch. Der Yellowstone-Wald war praktisch unbewohnt, was auf die Tropenwälder grundsätzlich nicht zutrifft. Bewohnte Gebiete unter Schutz zu stellen ist schwierig: Wie viel Raum und welche Rechte gesteht man den im und vom Wald lebenden Gemeinschaften zu? Wie soll man solche riesigen, schwer zugänglichen Flächen kontrollieren, wie die Wilderei von Holz und Tieren verhindern oder die Korruption, falls dort Ölförderung oder Bergbau lukrativ wären?

Die Politik ist dabei wenig hilfreich, wenn diejenigen, die gerade an der Macht sind, seine Zerstörung zulassen oder sogar befördern und damit die Bemühungen vorheriger Regierungen wieder zunichte machen. Die Bilanz der Schutzgebiete ist sehr gemischt. Zwar nehmen die geschützten Flächen weltweit durchaus zu, doch was sie tatsächlich bewirken, ist umstritten. Madagaskar illustriert – im Rahmen seiner geringen Größe – die traurige Machtlosigkeit von Nationalparks, wenn es um den Schutz der Bäume geht. Die Entwaldung dieser Insel schreitet seit langer Zeit derart massiv voran, dass sie inzwischen zu den zehn Ländern mit dem größten Waldflächenverlust pro Jahr gehört. Dass viele Bereiche zu Nationalparks erklärt wurden, verhindert nicht die großflächige Plünderung von Rosenholz, ein in der chinesischen Kunsttischlerei heiß begehrtes Material. Mit diesem seit Jahren andauernden Handel werden Millionen Dollar verdient, und weil die Politik es offenkundig zulässt, wurde er bisher auch nicht unterbunden. Und das ist nur ein Beispiel unter vielen auf der ganzen Welt. Doch auch wenn die lokale Bevölkerung die kontinuierliche Ausweitung von Schutzgebieten häufig in Frage stellt, bekämpft oder verhindert, zeigt sie hin und wieder auch

Wirkung und erscheint somit oft als das einzig machbare Vorgehen, um ein völliges Verschwinden tropischer Wälder, das einige schon einplanen, zu verhindern. Wie sehr muss sich die Situation noch verschlimmern, damit länderübergreifend dringend nötige effektive und innovative Maßnahmen zur Rettung der Wälder ergriffen werden? Ein schwieriges, aber unabdingbares Unterfangen.

Die zweite große Maßnahme zum Schutz der Wälder ist die Wiederaufforstung, das heißt gerodete Wälder zu ersetzen, bereits existierende aufzufüllen oder neue Wälder zu schaffen. Um den stark gewachsenen Bedarf an Holz und Anbauflächen zu befriedigen, erfand man im 19. Jahrhundert die Baumplantagen. Es war der Beginn eines agrarwirtschaftlichen Umgangs mit Bäumen im Sinne einer maximierten Holzproduktion, und dazu wurde oft nur eine einzige Baumart gepflanzt. Dieses in den USA und in Skandinavien mit Erfolg praktizierte Modell des sogenannten industriellen Anbaus verbreitete sich in den letzten dreißig Jahren rasant in Form von Millionen Hektar Kiefern- und Eukalyptusplantagen in tropischen Ländern wie Brasilien, Uruguay oder Indonesien, ebenso wie in solchen der gemäßigten Zone, zum Beispiel Neuseeland, USA, Chile oder China. Für die Holzindustrie liefern diese Plantagen die perfekte Antwort auf die global wachsende Nachfrage nach Papier, Brettern, Sperrholz,

Balken, Möbeln und neuerdings auch nach Holz zur Energieerzeugung. Beim sogenannten Kurzumtrieb fällt man die Bäume je nach Art innerhalb von acht bis dreißig Jahren und pflanzt umgehend neue. Dieser Herangehensweise entsprechen neue Techniken zur Rodung, riesige vollautomatische Erntemaschinen, richtige Baummäher, die fällen, entasten, entrinden, zerlegen und stapeln, ohne dass der Mensch am Steuer seine klimatisierte Kabine verlassen muss. Die Kosten dafür sind beherrschbar und günstiger als die Ausbeutung von Urwäldern, weswegen sich die Holzindustrie aus der Nutzung natürlicher Tropenhölzer zurückzieht. Die industriellen Plantagen wiederum geben Anlass zu verschiedensten Debatten. Ihre Gegner kritisieren das Modell insgesamt und führen als Argumente die Pflanzung zu Lasten natürlicher Biotope, den Rückgang der Artenvielfalt, die Umweltverschmutzung infolge der Nutzung von Kunstdünger und Pestiziden, die Bodenverdichtung und gegebenenfalls die Enteignung lokaler Gemeinschaften an. Es sind die Vorwürfe, die der Agrarindustrie insgesamt gemacht werden, und hinzu kommt die Beeinträchtigung der Landschaft. Der Anblick dieser in abgezirkelten Reihen wachsenden Bäume gleicher Sorte erschüttert dermaßen, dass die meisten dafür den Begriff Wald gar nicht verwenden würden, was defintiv einen großen Bruch darstellt. Die Debatte zeigt, wie groß die Bandbreite dessen ist, was als Wald zu verstehen ist, von absoluter Wildnis bis zu einer domestizierten und industrialisierten Natur.

Die Pflanzung der Seekiefernwälder der Landes in der Mitte des 19. Jahrhunderts, heute der größte künstlich angelegte Wald Europas, ist der erste und bedeutendste Fall einer künstlichen beziehungsweise industriellen Plantage. Die Wälder der Landes de Gascogne, die »Heidewälder«, in denen ich lange Zeit zu tun hatte, illustrieren bis heute die Fragen und Probleme rund um dieses Thema. Der zweihundert Jahre alte Forst ist ein zentraler Bestandteil der Geschichte und Wirtschaft dieser Region im Südwesten Frankreichs. Seit ihrer massiven Ansiedelung nach 1850 stehen die Seekiefern in der Kritik, weil sie das geschichtlich gewachsene Miteinander der Bauern und Schäfer zerstört haben sollen. Doch über die Trockenlegung von Sumpfgebieten hinaus hat sich der Wald schnell als Quelle eines doppelten Reichtums erwiesen, sowohl durch die Harz- als auch die Holzgewinnung, was man früher als die Vermählung von Parfum und Holz bezeichnete. Harzproduktion, Destillation, Holzfällerei und Sägewerke gaben der Region eine neue Identität, eine Geschichte, auf die alle dort heute sehr stolz sind. Bevor das Harz zu Terpentinöl verarbeitet wird, verbreitet es im Sommer in der Hitze des Kiefernwaldes seinen schweren Duft. Mich erinnert er verblüffend an die

Weihrauchbäume am Horn von Afrika, die ganz anders, aber ebenso intensiv riechen. Mit ihren kleinen Beilen und den Tontöpfen stiegen die Harzer der Landes in die Fußstapfen derer, die zur Zeit der Pharaonen mit Messern und Körben ausgerüstet in Somalia oder im Jemen das Harz gewannen. Diese Verwandtschaft über die Entfernung hinweg berührt noch mehr, wenn man die Berichte über die versklavten Arbeiter in römischer Zeit mit der Geschichte der Arbeiter der Landes vergleicht, die von einer neu entstandenen Aristokratie der Waldgroßgrundbesitzer ausgebeutet wurden. Irgendwann rebellierten die Harzer gegen das Schicksal, das ihnen die Herren der neuen Waldfabriken aufzwangen. 1880 wird der »moderne« Kiefernwald bereits genutzt, als die Amerikaner mit den Dampfmaschinen auf die Mammutbäume losgingen. Die mechanisierte Rodung und die industriellen Baumplantagen wurden gleichzeitig erfunden, das waren gleich zwei historische Revolutionen auf einmal. Heute sieht sich der Kiefernwald mit den gleichen Vorwürfen konfrontiert wie andere Pflanzungen im industriellen Maßstab. Monotone Landschaften, Beschädigung der Biodiversität, fragwürdige Bewirtschaftungsmethoden. Die Menschen der Landes setzen sich gegen jeden dieser Kritikpunkte zur Wehr, verweisen auf die Vorteile der Seekiefern, die nach wie vor existierenden Randstreifen aus Laubbäumen und eine zertifizierte Forstwirtschaft.

Diskussionen werden aufgrund der fundamentalen Bedeutung dieses Waldes für die regionale Wirtschaft schnell abgewürgt.

Dieses Für und Wider findet sich in ähnlicher Form überall auf der Welt, denn Bäume, die in Reih und Glied stehen, entsprechen nicht unserer Idealvorstellung von Wald, und zugleich gestehen wir uns ungern ein, dass sie dazu beitragen, unseren Holzhunger zu stillen. Doch statt auf einen rein hypothetischen Schutzstatus für all unsere Naturwälder zu warten, haben ein paar Menschen bereits damit begonnen, Bäume und Wälder zu bewahren, wiederherzustellen und neu zu pflanzen, um der globalen Ausbreitung von Holzplantagen etwas entgegenzusetzen. Auf der Suche nach dem kostbaren Duft eines Baums in Paraguay stieß ich unter all diesen erfreulich regen Aktivitäten auf eine Initiative zur Rettung der Urwälder.

11.

Die Farben des Chaco

Ángel und ich sind von Asunción, der Hauptstadt Paraguays, sieben Stunden nordwärts gefahren, um zu einer Holzfällersiedlung zu gelangen, die sich mitten in einer unermesslichen Weite namens Gran Chaco ganz nah an der Grenze zu Argentinien befindet. Ángel, mein Guide, kennt die Straßen und Pisten hier auswendig. Der Agraringenieur durchstreift das Land seit dreißig Jahren und weiß alles über diesen mythischen Landstrich, der sich über Teile Argentiniens und Boliviens erstreckt und den halben Norden Paraguays umfasst. Der Chaco ist nach dem Amazonasgebiet das zweite große Waldgebiet Südamerikas, ein Trockenurwald, der sich aus Wald, Savanne und Sumpf zusammensetzt. Diese weitläufige Landschaft war bis zum Beginn des 20. Jahrhunderts praktisch unerforscht: Lebensfeindlich, an vielen Stellen undurchdringlich, kaum Wasser und im Sommer heiß wie ein Glutofen. Ein ganz eigenes Universum voll wilder Tiere wie

Tapire, Gürteltiere, Ameisenbären, die inmitten unbekannter Baumarten leben. Den außergewöhnlichsten von allen, botanisch und in der Parfümerie als Guajak bezeichnet, nennen hier alle *Palo Santo*, heiliges Holz. Ángel ist bei der Destillerie, von der ich die Guajak-Essenz beziehe, für die Holzbeschaffung zuständig. Er ist seit seiner Kindheit eng verbunden mit dieser Wildnis und spricht gern über sein Leben als Bürger Paraguays, dieses kleinen Landes, das sich mit einem grausamen Krieg seine Unabhängigkeit erkämpfte. Es ist vor allem das Land der Guaraní, einer Gruppe von Ethnien, die von Spanien nicht ausgelöscht wurden und deren offiziell anerkannte Sprache hier, vermischt mit Spanisch, überall gesprochen wird. Die Bevölkerung Paraguays ist stolz auf diese Mischung und ihre starke kulturelle Identität, und alle tragen in ihrem Herzen ein Stück des Chaco, dieser wilden Welt, um die sie so hart kämpfen mussten.

Wir fahren an einem Dutzend niedriger Häuser aus Holzziegeln und Blech vorbei, aus denen das Dorf General Díaz besteht, und erreichen nach zwanzig Minuten Fahrt auf einer schmalen Piste das Lager der Guajakholzfäller. Wir werden schon erwartet, jeder Besuch ist für sie ein Fest, weswegen sie Zicklein am Spieß gebraten haben. Es ist eine eingeschworene Gemeinschaft von sechs Männern unter der Leitung von Rolando. Der Clan sucht immer nach möglichst großen Arbeitsaufträgen, um so lange wie möglich beschäftigt zu sein, sonst würde es sich für sie nicht lohnen, sich irgendwo ein bis zwei Tagesreisen von ihrem Wohnort entfernt einzurichten. Ángel hat von einem Großgrundbesitzer 4000 Hektar Wald geleast, was zwei bis drei Jahre Arbeit für sie bedeutet. Solche Holzfäller- oder Köhlerlager sind im Chaco weitverbreitet. Die meisten sind von beeindruckender Schlichtheit: auf ein paar Unterstände, die Schatten spenden, eine kleine gemauerte Kochstelle, ein Wassertank und Hängematten zum Schlafen. Seit einem Jahrhundert hat sich nichts verändert, wenn man einmal von der späten Einführung der Motorsägen absieht. Rolandos Camp unterscheidet sich deutlich vom Üblichen: Die Mannschaft schläft in einem möblierten Container, es gibt eine Klimaanlage und Toiletten, eine Kochhütte aus Holz, eine Außendusche, einen Ruheplatz und Mülleimer. Das kannten die Männer bisher nicht. Mit diesen althergebrachten armseligen Zuständen hat ihr Arbeitgeber, mein Partner und Lieferant, bewusst gebrochen. Es handelt sich um eine Firma, die mit ihrer Produktion von Palo-Santo-Essenz ein Modell sowohl hinsichtlich der Holznutzung als auch für die Arbeitsbedingungen der *hacheros*, der Holzfäller, im Chaco umsetzen will.

Während wir das Zicklein mit gebratenem Maniok verspeisen, schweifen meine Blicke über den Wald rund um die Lichtung. Eine Mauer aus Gestrüpp und Kakteen, über denen sich eine Vielzahl oft sehr imposanter Bäume erheben, auch wenn sie selten höher als zwanzig Meter sind. Diese absolut wilde Mischung strahlt eine Feindseligkei aus, ganz anders als die sanftmütigen Wälder der gemäßigten Zonen. Vom Camp aus führen vom Traktor gebahnte Pisten in die Vegetation hinein. Dieser Wald, den Rolando in Parzellen zu je hundert Hektar eingeteilt hat und der Reihe nach abarbeiten lässt, hat sich an ein trockenes Klima und brütend heiße Sommer angepasst. Extreme Hitze und Wassermangel sind im Gran Chaco Gesetz, und sie bringen ganz besondere Baumarten hervor, deren König der Palo Santo ist. Im Lauf der kommenden Tage wird mir aus Ángels Schilderungen klar werden, wie sehr die Geschichte der Region mit diesem Wald verwachsen ist.

Die außergewöhnlichen Eigenschaften des Guajaks bzw. Palo Santo (*Bulnesia sarmientoi*) haben mich geradezu verblüfft. Es handelt sich um eines der dichtesten Hölzer weltweit, sodass alles, was daraus gemacht ist, sich wie Stein anfühlt. Das Fällen des Baums, der Transport des zerteilten Stamms, selbst weniger Äste ist eine Herausforderung; ein Stamm kann bis zu drei Tonnen wiegen. Doch abgesehen vom Gewicht ist das Holz auch außergewöhnlich schön. Beim Fällen reagieren die darin enthaltenen ätherischen Öle mit der Luft, wodurch das frische Holz eine intensiv blaue, für Bäume völlig untypische Färbung annimmt. Entweder bleibt das Blau bestehen oder es verwandelt sich in ein dunkles Grün mit bronzefarbenen Reflexen und ergibt ein von blauen und elfenbeinfarbenen Adern durchzogenes Holz. Wenn im Wald nach der Fällung das Holz plötzlich blau wird, ist das umwerfend, als würde zwischen Dornen und Insekten plötzlich ein Kunstwerk erscheinen. Das Holz hat eine sehr dichte Textur, da es aufgrund der klimatischen Bedingungen sehr langsam wächst, und seine Fasern sind reich an einem ätherischen Öl mit betörendem Duft, in der Parfümerie einer der wichtigsten Lieferanten von Holznoten. Warm, würzig, mit Anklängen an Vetivergras und Leder, eine einmalige holzig-rauchige Kombination. Das dezente Aroma hat sich einen festen Platz in Parfums erobert, es ist in Hunderten Produkten enthalten und damit für die Industrie unentbehrlich. Der Gehalt an ätherischem Öl in Kombination mit seiner Härte macht Palo-Santo-Holz praktisch unverrottbar, was sich Rinderhalter zunutze machen: Dieses wunderbare Holz wird gerne zu Pflöcken für Weidezäune verwendet. Ein Palo-Santo-Pflock alle zehn Meter verteilt über Tausende Kilometer Weidefläche in dieser unendlichen Prärie, Tausende Tonnen wertvolles Holz, für die Ewigkeit in den Boden gerammt. Ángel hält gerne an solchen Holzpflöcken an und kratzt die Oberfläche des grauen Holzes mit seinem Messer auf, um die unverwüstliche Schönheit des grün-blauen Holzes zum

Vorschein zu bringen. Selbst der kleinste Einschnitt lässt sogleich den Duft hervortreten, der dort am Rand eines Feldes möglicherweise schon seit zwanzig Jahren gefangen war. Die Nase am Holzpfosten, lausche ich der leisen Melodie der Metalldrähte der Umzäunung, die neben der roten Piste Richtung Horizont verläuft.

In Paraguay formte sich das Bild und die Legende des Gran Chaco um die drei zentralen Aspekte, für die der Wald in der menschlichen Vorstellung steht: Er kann Ernährer und Wohltäter sein, gefährlich und teuflisch oder »gelobtes Land«, das man sich zum Zweck der Landwirtschaft untertan machen muss.

Nachdem wir unsere Mahlzeit beendet haben, unterhält sich Ángel mit den Arbeitern auf Guaraní. Wäre ich nicht dabei, wäre überhaupt kein Spanisch gesprochen worden. Ich frage Rolando, ob sein Team überhaupt noch Äxte benutzt. »Natürlich nicht«, antwortet er, »Äxte sind passé, die benutzte man für den *quebracho colorado*, ein rotes Holz, das zwischen unserem blauen wächst.« Als Ángel meinen überraschten Blick sieht, fängt er an zu erzählen.

Historisch relevant wurde der Gran Chaco seit Ende des 19. Jahrhunderts, als der Argentinier Carlos Casado, der als reichster Mann seines Landes galt, beschloss, massiv in Paraguay zu investieren. Er erwarb mehrere tausend Hektar Land von der Regierung, eine unvorstellbar große

Fläche, ein Vielfaches der französischen Landes. Vor allem wollte er Rinder halten, aber auch einen endemischen Baum nutzen, den Quebrachobaum, dessen Holz fast ebenso hart und dicht ist wie das des Guajak. Das spanische Wort *quebracho* bedeutet »Axtbrecher«, und *colorado* verweist auf die schöne dunkelrote Farbe des Kernholzes. Der Baum duftet zwar nicht, verfügt aber über eine damals begehrte Eigenschaft: Es ist das Holz mit dem höchsten Tanningehalt, und in einer Welt ohne Kunststoffe, in der Leder noch ein grundlegender Rohstoff war, brauchte man den Pflanzenstoff Tannin in großen Mengen zum Gerben der Tierhäute. Carlos Casado zog sein Geschäft im großen Stil auf. Am Fluss Paraguay, nördlich von Asunción, in der Gegend großer Quebrachovorkommen im Chaco, baute er einen Hafen und eine Anlage zur Tanninextraktion. Er hatte damit unmittelbar Erfolg, denn das dank der unvergleichlichen Ergiebigkeit dieses Baums billige und reichliche Tannin aus Paraguay verdrängte das zuvor in Europa und Amerika produzierte Tannin komplett vom Markt.

Man kann sich heute gar nicht mehr vorstellen, wie groß das Unterfangen war und welche Auswirkungen es auf die Region hatte. Bis zur Gründung von Puerto Casado war der Chaco nur von kleinen nomadischen indigenen Gemeinschaften besiedelt. Diese lebten isoliert und waren kulturell und sprachlich erstaunlich vielfältig. Menschen aus dem Süden Paraguays traten dort nur in Form von Militär in Erscheinung, das wegen des benachbarten Rivalen Bolivien einige im Wald verstreute Posten unterhielt. Da es keine Straßen gab, kam man nur über den Fluss Paraguay in die Gegend, erst später wurden Wege durch den Wald gebahnt. Um seine Anlage zu versorgen, ließ Casado eine Eisenbahnstrecke bauen, die später erweitert wurde und den einzigen Zugang ins Landesinnere und Richtung Westen darstellte, bevor die Amerikaner in den 1960er-Jahren eine Straße namens Trans-Chaco bauten. Die Notwendigkeit für eine Eisenbahn ergab sich aus dem Holztransport, schließlich mussten große Mengen davon in Gebiete gebracht werden, die vom Fluss weit entfernt waren. In den 1920er-Jahren waren in Casados Fabrik tausend Arbeiter beschäftigt, und Konkurrenten von ihm hatten bereits acht weitere Anlagen errichtet, die alle am Fluss lagen. Insgesamt wurden jährlich Zehntausende Tonnen Tannin extrahiert.

Diese Industrie bedeutet die Geburt des »modernen« Chaco, denn sie schickt Tausende von Holzfällern, die *hacheros*, in die Wälder, um eine extrem anstrengende Arbeit zu erledigen: Es gilt Holz zu fällen, das so hart ist, dass die Äxte brechen, es muss nicht nur entrindet werden, die ganze weiße Randschicht muss abgetragen werden, denn nur das rote Kernholz wird gebraucht. Die Anlagen erwarten die Anlieferung ganzer Stämme, da diese beim Zerkleinern Zeit sparen. Daher müssen nach der Fällung Stämme von über einer Tonne Gewicht auf Wagons verladen werden. Berichte belegen, dass die Arbeit genug einbrachte, um immer neue Bewerber anzulocken, trotz der Risiken und extremen Arbeitsbedingungen, trotz der großen Hitze, der Wasserknappheit und der Notwendigkeit, sich Nahrung durch Jagd zu beschaffen und in Hängematten unter provisorischen, praktisch nutzlosen Dächern zu schlafen. Und doch erscheint das Schicksal der *hacheros* in den 1920er-Jahren immer noch erträglicher als das ihrer Kollegen in anderen südamerikanischen Wäldern dieser Zeit. Da wären die Rosenholz-»Jäger« in Guyana zu nennen oder die *seringueros*, die die Gummibäume im brasilianischen Amazonasgebiet anzapften und dabei wie Sklaven ausgebeutet wurden – Opfer der wilden Natur und eines entfesselten Kapitalismus.

Die Quebrachobäume wurden noch bis in die 1970er-Jahre zur Tanninproduktion genutzt, und – das gilt es festzuhalten – sie haben überlebt. Auf unserer Rundreise hält Ángel häufig an, um mich auf Haine dieser hohen wuchtigen roten Bäume hinzuweisen, die stolz ihre Kronen ausbreiten. Dem Ingenieur ist es wichtig, dass ich die Blätter des Baums identifizieren kann, und ich spüre bei ihm eine Art Sehnsucht nach dem goldenen Zeitalter der mit rotem Holz beladenen Wagons, die das Herz des Waldes zum Fluss und den Fabriken transportierten. Auf seinem Computer hat er noch Archivaufnahmen der Züge, die Stämme und Menschen in gemächlichem Tempo durch den Chaco brachten, entlang der 140 Kilometer Schmalspurgleise, die Casado, der Vater des Tannins, verlegen ließ. Vor den 1930er-Jahren konnte sich niemand vorstellen, dass dieser Zug für das Land einmal etwas ganz anderes als Holz transportieren würde.

Vierzig Jahre nach der Gründung von Puerto Casado erlebt die Tanninindustrie einen desaströsen Einbruch. In Europa wird der dreijährige Chaco-Krieg, eine von 1932 bis 1935 dauernde Tragödie, kaum wahrgenommen. Er kostet fast 100 000 Soldaten der Gegner Paraguay und Bolivien das Leben. Die Kontrolle über die Gebiete im Zentrum des Kontinents ist Gegenstand lange währender Konflikte. Bereits 1860 hatten die Nachbarn Paraguays versucht, das kleine Land zu schlucken, doch seitdem Chile Bolivien vom Pazifik abgeschnitten hatte, versuchte Bolivien mit allen Mitteln, sich Richtung Süden auszudehnen, um über den Fluss Paraguay Zugang zum Atlantik zu erlangen. Und den zwei einzigen Ländern Südamerikas ohne Meeresküste gelingt es nicht, das Unheil zu verhindern. Aus heutiger Sicht macht einen die Dimension der Auseinandersetzung um dieses Gebiet traurig und fassungslos. Die Menschen zahlen dem wilden Wald für ihren Wahnsinn einen hohen Tribut. Zwei Drittel der Opfer des Konflikts sterben an Krankheiten oder verdursten. Vor allem die Bolivianer, die Bewohner der Hochebenen, werden von einer inkompetenten und unmenschlichen Führung schlecht ausgerüstet in eine ihnen völlig fremde Pflanzenhölle geschickt, in der sie völlig orientierungslos sind. Paraguay mobilisiert von seiner Million Einwohner 150 000 Männer. Das Land der Guaraní kämpft um sein Überleben und nutzt dabei die Quebracho-Eisenbahn für den Transport der Soldaten an die Front. Die ersten Bataillone werden aus den *hacheros* gebildet, Männnern, die den Wald kennen und wissen, wie man darin überlebt. Dagegen häufen sich die Berichte über gegnerische bolivianische Soldaten, die der grausamen Natur hilflos ausgeliefert sind, vom Fieber dahingerafft oder von Schlangen gebissen werden oder völlig geschwächt von der Hitze und auf der verzweifelten Suche nach Flüssigkeit umkommen. Das wenige, schwer zu findende Wasser ist häufig ungenießbar, und um nicht zu verdursten, greifen die Soldaten auf den *palo borracho,* den »versoffenen Baum« (dt. Florettseidenbaum), zurück, eine bemerkenswerte Art mit dickem, hohlen Stamm in Form einer Flasche, durch den sich Feuchtigkeit speichernde Fasern ziehen. Für verletzte Soldaten ist der Flaschenbaum nicht nur die einzige Möglichkeit, an Flüssigkeit zu gelangen, er dient ihnen auch als Versteck in ihrem schrecklichen Überlebenskampf, bevor sie sich den Kugeln des

Feindes stellen. Das ist die andere Seite der empörenden Absurdität dieses Kriegs: dass Menschenleben vom Wald ausgelöscht werden statt durch Waffen.

Ángel und ich sitzen jeweils am Ende eines zwanzig Meter langen Tunnels, eine naturgetreue Nachbildung einer Verteidigungsanlage der damaligen Zeit. Um diese im Abstand von mehreren Dutzend Kilometern platzierten befestigten Posten wurde gekämpft, es waren die einzigen Orte, an denen der Chaco-Krieg tatsächlich einen militärischen Charakter hatte. Ángel zeigt auf die Decke dieser Behausung, in der man kaum stehen kann: Sie besteht aus riesigen aneinandergereihten Balken. »Siehst du, die *hacheros* haben ihre Unterstände aus dem Holz der drei solidesten Bäume gebaut, dem Palo Santo, dem Quebracho und einem dritten, der Coronillo heißt«, erklärt er mir. Diese Dächer, die noch von mehreren Metern Erde bedeckt waren, haben den bolivianischen Granaten standgehalten. Bei der Betrachtung dieses Bauwerks kommt mir ein Gedanke, den ich auch ausspreche: »Ángel, das sind doch die Farben der paraguayischen Flagge, oder?« Er sieht mich stumm an, steht auf und umarmt mich kurz. Sein Großvater kämpfte als Soldat in diesem Krieg, und er, der häufig daran denkt, fürchtet, dass nichts davon den jungen Leuten in Asunción im Gedächtnis bleiben wird – es ist der Kummer, den man überall auf der Welt verspürt, wenn die Erinnerung an die im Krieg erbrachten Opfer verblassen.

Der Gran Chaco, dieser Schicksalswald, ist bis vor etwa einem Jahrhundert ein recht uneinheitliches Gebiet gewesen, ein Mosaik aus Bäumen, Prärie und Sümpfen, ein Lebensraum für Gemeinschaften, die gelernt haben, darin zurechtzukommen. Ein Ereignis hat alles verändert und dafür gesorgt, dass sich die Landwirtschaft und Tierhaltung innerhalb weniger Jahrzehnte durchsetzten: 1927 verkauft die Regierung Hunderttausende Hektar Prärie und lichten Wald an Kolonisten, die Nachfahren einer im 16. Jahrhundert in den Niederlanden entstandenen und diversen Verfolgungen ausgesetzten Reformbewegung: die Mennoniten. Sie leben in Gemeinschaften, stehen für den Vorrang der Religion vor dem Staat, für Gewaltlosigkeit, Toleranz und Arbeitskult. Mit der Zeit und aufgrund der Diskriminierungen, die ihnen zuteil werden, wandern die Gemeinden aus den Niederlanden über Preußen und Polen, Russland und die Ukraine, Kanada und die USA bis an einen Ort, den eines ihrer Mitglieder, der als Vorhut unterwegs ist, als gelobtes Land beschreibt. Zigtausende Immigranten strömen nach Asunción, ziehen dann flussaufwärts, um mit ihren Fuhrwerken in den Wald vorzudringen, in dem sie sich niederlassen und zu Bauern werden.

Mit Ángel bin ich nach Punta Riel gepilgert, dem Endpunkt der Eisenbahnlinie, der 140 Kilometer von ihrem Beginn in Puerto Casado entfernt liegt. In einer Western-

Kulisse mit ein paar Bäumen unter praller Sonne wurde das erste Haus der Mennoniten restauriert, das an die Ankunft der Kolonisten erinnern soll. In der heißen, windigen Stille kann man die letzten paar hundert Meter Gleise sehen, die beim Rückbau der Linie gerettet wurden. Ein sehr alter Mann mustert uns und erhebt sich dann aus seinem Sessel, um uns ein Gebäude aufzuschließen, das heute als Museum dient. Es beherbergt eine berührende Sammlung von Objekten und Fotos. Die Gesichter der Immigranten der 1920er-Jahre, ganze Familien, und deren Bekleidung erinnern an Osteuropa. Fotos von Gräbern erzählen von Kindern, die in den ersten Tagen nach der Ankunft gestorben sind. Der Hüter des Museums lässt uns herumschlendern, er spricht Spanisch mit dem typischen deutschen Akzent der Mennoniten. Fünf Jahre nach deren Ankunft 1927 beginnt der Krieg mit Bolivien, worauf der Zug die Soldaten in den Wald bringt, in dessen Tiefen sie ihre Pferde am Halfter führend zu Fuß vorstoßen.

Krankheiten und Hunger – die Ansiedelung kostet viele Menschenleben, doch die Mennoniten sind hartnäckig und fest entschlossen, allen Schwierigkeiten zu trotzen. Im Lauf der Jahre entstehen drei große Kolonien, man heiratet innerhalb der eigenen Gemeinschaft und spricht unter sich weiter das Mennonitenplatt, eine niederdeutsche Mundart. Die Eingewanderten unterhalten exzellente Beziehungen zur Obrigkeit und zu den indigenen Gemeinschaften und bilden damit eine seltene Ausnahme echter Koexistenz in der Geschichte dieses Kontinents, auf dem Massaker und Versklavung die Regel waren. Die Mennoniten sehen sehr schnell den Nutzen der Viehzucht und setzen damit im Chaco einen tiefgreifenden Wandel in Gang: Heute ist er die riesige Fleisch- und Milchkammer des Landes. Im Lauf von Jahrzehnten schaffen sie, gestützt auf leistungsstarke Genossenschaften, kleine Industrieimperien und sind heute ein entscheidender Wirtschaftsfaktor des Landes. Ihre drei Hauptstandorte, Filadelfia, Neuland und Loma Plata, sind erstaunliche Bastionen eines Wohlstands westlichen Maßstabs, in denen man beim Einkaufen in den Supermärkten Deutsch sprechen kann. Mit dem Ende der Nutzung der Quebrachobäume in den 1970er-Jahren führt der Erfolg der mennonitischen Tierhalter zur Transformation der Region, in der Tanninfabriken nun ultramodernen Molkereien und Schlachthöfen weichen. Anfangs langsam, doch seit zwanzig Jahren immer schneller verliert der Gran Chaco mehr und mehr Wald- zugunsten von Weideflächen.

Wie anderswo auch stehen sich auch in Paraguay der Wald und die Landwirtschaft unvereinbar gegenüber. Statistiken und Satellitenfotos belegen, wie sich die Abholzung zugunsten der Tierhaltung beschleunigt. Allein im letzten Jahrzehnt sind zwei Millionen Hektar Waldfläche verlorengegangen, sechzehn Millionen sind noch übrig. Aus Sicht der Bevölkerung Paraguays sorgt die Rinderhaltung für den Reichtum im Chaco, sie ist stolz darauf, und der Erfolg seit Beginn des 20. Jahrhunderts gibt ihr Recht. Natürlich haben sich große Unternehmen im Geist des 19. Jahrhunderts in dieses Abenteuer gestürzt, was heißt, dass sie der Natur das maximal Mögliche abringen und dabei keine Grenzen respektieren. Ángel kann endlos über die Entwaldung reden. Das Hauptproblem ist ohne Zweifel ihre enorme Beschleunigung in den letzten zwanzig Jahren. Für ein Land ohne Industrie, dessen einzige Ressource sein Grund und Boden darstellt, ist der wachsende Fleischhunger der Welt ein Segen, auch wenn es vielen nicht gefällt, die auf die enormen ökologischen Kosten und die mangelnde Nachhaltigkeit dieses Wirtschaftsmodells hinweisen. Schreitet die Entwaldung weiter voran, steht die Zukunft des Guajak, die Möglichkeiten seiner Nutzung und die dauerhafte Verfügbarkeit des aus ihm gewonnenen Öls natürlich in Frage, was die Parfümindustrie mit Blick auf die Statistiken beunruhigt. Ángel will sich mit den Zahlen nicht abfinden, seiner Ansicht nach ist die Realität viel komplexer, und gerne würde er andere Menschen von seiner Vorstellung, wie Tierhaltung und Wald koexistieren können, überzeugen.

12.

Das blaue Holz

Ist es möglich, den Guajak zu erhalten? Ángel glaubt fest daran und arbeitet mithilfe zweier bemerkenswert entschlossener Frauen, Elisa und Victoria, auf dieses Ziel hin. Elisa kenne ich gut, denn sie produziert ätherische Öle in Guatemala, uns verbindet die Leidenschaft für Dufthölzer. Ihre Verbündete Victoria ist eine junge Agrarwissenschaftlerin und Waldspezialistin aus Paraguay, deren Elan absolut ansteckend ist. Bereits seit dem Abschluss ihres Studiums stemmt sie sich gegen das Schicksal der Bäume im Gran Chaco. Mit ihrer Begeisterung für den Palo Santo konnte sie Elisa überzeugen, ihr Unternehmen zur Rettung des Baums in Paraguay anzusiedeln. Das Projekt ist inzwischen realisiert. Elisa hat ihre in Mittelamerika gesammelten Erfahrungen mit ätherischen Ölen in das hiesige Unternehmen eingebracht, eine Destillerie bauen lassen und ein innovatives Modell zur Nutzung und zum Schutz des Guajak entwickelt. Seit drei Jahren schon belagert Victoria Ministerien und Verwaltung, damit die Gesetze zur Begrenzung der Entwaldung durchgesetzt und verschärft werden. Wenn man vernünftig vorgehe, versucht sie ihnen zu erklären, könne man den Palo Santo nutzen und zugleich vor dem Verschwinden bewahren. Mit ihrer Energie und ihrem Talent hat die Kämpferin bereits den Widerstand feindseliger Beamter und der Fleischlobby überwunden. In einem Land der florierenden Tierhaltung bedeutet es nicht wenig, Menschen davon zu überzeugen, dass man mit Bäumen etwas Sinnvolleres anfangen kann, als sie auszureißen und zu verbrennen.

Von Rolandos Camp aus sind Ángel und ich fünf Stunden zur Destillerie von Elisa und Victoria unterwegs. Die nagelneuen Anlagen glänzen unter der Überdachung. Wir laufen am Lager entlang, wo die Holzstapel fast wie Skulpturen aussehen, es gibt blaue und grüne Haufen, und über den Stämmen, die die Arbeiter im Wald bereits in Stücke geschnitten haben, hängt ein intensiver Geruch. Victorias Augen strahlen. »Hier«, sagt sie, »das hätte man aktuell eigentlich alles verbrannt, das ist doch absurd.« Wir betrachten die Maschine, die die Abschnitte zerkleinert, erst kommt blaues Sägemehl, das aus dem oxidierten Holz entsteht, dann welches in einem schönen Orange, aus dem frischen Holz. Die Mischung wandert in die Destillationsanlage. Ich bleibe stehen, ich kann mich von diesem Ballett der Düfte und Farben nicht lösen. Victoria greift eine Handvoll duftendes blaues Mehl vom Boden und lässt sie vor meinen Augen durch ihre Finger rieseln. »Na, was meinst du, das ist doch das schönste Holz der Welt, oder?« Hinten in der Anlage fließt das goldene Destillat in Glasbehälter. In einem weiteren Raum wird es gefiltert. Seit einigen Monaten laufen nun die Maschinen, die Stämme werden zu Mehl gemahlen, um das ätherische Öl zu destillieren, das in Fässern bereit zum Export steht. Die rauchige Note des Holzes, die in den Fasern steckt, offenbart sich in der sehr intensiven Essenz. Sie hat meinem Empfinden nach auch etwas Wildes – sie riecht nach Chaco, finde ich.

Im Büro breitet Victoria Luftaufnahmen aus. »Schau mal, das sagt mehr aus als die Zahlen über Tausende oder Millionen Hektar«, findet sie. Die Fotos bestätigen, was ich bereits sehen konnte, als ich die Region mit einem kleinen Flugzeug in geringer Höhe überflogen habe. Die Landschaft ist exakt in Rechtecke zu je hundert Hektar eingeteilt, zwanzig Fußballfelder, eine gesetzlich vorgeschriebene Größe zur Erschließung von Grundeigentum, das für gewöhnlich mehrere zehntausend Hektar umfasst. Laut Vorschriften müssen die Parzellen von hundert Meter breiten Waldbändern umrahmt sein und Wasserstellen bieten, die durch Bäume beschirmt werden. Diese bewaldeten Korridore sollen es den Tieren ermöglichen, sich frei zu bewegen. Ángel bestätigt mir, das funktioniere relativ gut, und selbst die Jaguare hätten sich so gut an die domestizierte Natur angepasst, dass sie hin und wieder Kühe anfallen. Die großen dunklen Flecken auf den Fotos sind die offiziellen staatlichen Waldschutzgebiete. Der Gran Chaco gehört zu den Gegenden weltweit, in denen der Konflikt zwischen industrieller Landwirtschaft und der Wildnis besonders deutlich zutage tritt und sich ganz konkret die Frage nach dem Erhalt der ursprünglichen Natur stellt: Es sind noch 16 Millionen Hektar Wald übrig – wer trifft ab welcher Fläche die Entscheidung, eine weitere Entwaldung zu verhindern?

Die Destillerie ist von Eukalyptusplantagen umgeben. Diese beeindruckenden Bäume wachsen kerzengerade bis zu dreißig Metern in die Höhe. Einer von Elisas paraguayischen Verbündeten entwickelt hier gemeinsam mit seiner Stiftung ein Modell zur Tierhaltung unter Bäumen. Zwischen den sehr lichten Baumreihen weiden Herden in hohem Gras, im Schatten des Eukalyptuslaubs, das dafür sorgt, dass der Boden nicht austrocknet. Das Bild strahlt eine fast irreale Ruhe aus, schließlich ist die Kombination von Tieren und Bäumen alles andere als alltäglich. Dieses Modell bringt einen deutlich höheren Ertrag als die konventionelle Haltung, die Holzmenge ist so groß, dass sie die Investition in eine kleine Sperrholzfabrik ermöglicht. Ángel ist überzeugt, dass Paraguay zum

Vorreiter einer solchen Verbindung aus Forstwirtschaft und Tierhaltung werden und damit sein katastrophales Image als Land mit Spitzenwerten in Sachen Entwaldung loswerden kann. Es ist schwer, sich nicht am Anblick frei laufender weidender Herden im Schatten großer Bäume zu erfreuen.

Am Tag darauf machen wir uns auf den Weg zurück ins Camp – wieder verbringen wir Stunden auf Straßen und Pisten, die uns ins Herz des Chaco zurückbringen. Ángel fährt, während Victoria mir von ihren Verhandlungen mit Ministerien berichtet. Nachdem offizielle Seiten sich inzwischen alarmiert zeigen, den Palo Santo als gefährdet einstufen und den Export seines ätherischen Öls zu verbieten drohen, ist Victoria die erste, die Bewirtschaftungspläne entwickelt hat. Sie beruhen auf einer Zählung der Bäume per GPS, der Berechnung der verträglichen Entnahmen pro Hektar und einer Rotation der Fällungen pro Hektar im Abstand von fünfzehn Jahren. Laut Victorias Schätzung wären mit diesem Modell vernünftig bewirtschaftete 50 000 Hektar ausreichend, um den weltweiten Bedarf der Parfümindustrie von 200 Tonnen Öl jährlich zu befriedigen.

Victoria und Ángel haben einen ersten Grundbesitzer davon überzeugt, ihnen einen Teil seines Terrains gegen eine Pacht sowie eine Gebühr pro Tonne entnommenes

Holz zu überlassen, damit es nicht in Weideland umgewandelt wird. In Zahlen ist das natürlich Parfum-David gegen Tierhaltungs-Goliath, aber Victoria weiß, dass ihr Anbebot attraktiv ist, da es den Grundbesitzern ohne weitere Investitionskosten ganz unverhofft ein grünes Image verschafft. Im Augenblick verhandelt sie über zwei Areale mit zehntausend Hektar, wie sie begeistert berichtet. »Wenn die Parfümindustrie ihren Verbrauch an Guajak-Essenz verdoppelt oder verdreifacht, werden wir zu glaubwürdigen Playern im Chaco.« Damit liegt sie richtig, denn die Essenz ist sehr günstig, hat einen kräftigen und eigenen Geruch und kann praktisch jedem Parfum eine holzige Note verleihen. Ja, man sollte die Industrie unbedingt schnell wissen lassen, dass Guajak in großer Menge zur Verfügung steht und dessen Verwendung von nun an dazu beiträgt, den Wald in Paraguay zu erhalten.

Ohne Vorankündigung hat Ángel scheinbar im Niemandsland am Straßenrand angehalten. Wir folgen ihm auf einem schmalen Pfad zwischen Bäumen zu einer weiten Lichtung, auf der ein Dutzend graue Backsteinhäuschen in Igluform stehen. Ángel hat meinen Wunsch, auch die Köhler der Gegend kennenzulernen, nicht vergessen. Holzkohle aus dem Chaco hat den Ruf, die beste der Welt zu sein, sie glüht, ohne Rauch zu produzieren. Die Köhler sitzen gerade im Schatten einer Bretterhütte beim Essen, schweigend beobachten sie, wie wir näher kommen. Victorias lebhaften Gruß erwidern sie ohne große Begeisterung. Die Männer arbeiten in einer rechtlichen Grauzone und bleiben lieber für sich. Sie lassen sich zwar in Parzellen nieder, für die sie eine Genehmigung des Besitzers haben, fällen dann aber auch außerhalb dieses Areals. Rund um die Öfen stapeln sich die zur Verkohlung vorbereiteten Holzvorräte. In der Mitte der Lichtung stehen rund fünfzig Säcke mit fertiger Kohle, einige stehen offen und geben den Blick auf die glänzend schwarzen Brocken frei. Ángel beginnt über den Kauf von zwei Säcken zu verhandeln. Victoria erklärt mir, dass ihr bevorzugtes Holz von einem anderen schönen Baum des Chaco stammt, dem *Quebracho Blanco*, der nicht mit dem roten verwandt ist, aber seinen Namen ebenfalls wegen seines harten und dichten Holzes trägt. »Diese Bäume kommen in unseren Palo-Santo-Gebieten am häufigsten vor«, erklärt sie mir. »Wir überlegen, ob wir die Kohleproduktion nicht in unser Modell aufnehmen könnten. Ich würde gerne neben dem besten ätherischen Öl auch die beste Kohle anbieten.« Ich sehe den Männern dabei zu, wie sie einen Ofen befüllen, die Holzstücke sorgfältig meilerförmig rund um einen zentralen Kamin aufschlichten. Die rudimentären Ziegelöfen sind im Vergleich zu den traditionellen Meilern, die immer wieder neu mit Erde bedeckt werden mussten, ein beträchtlicher Fortschritt. Bei dem Anblick gehen mir die Bilder der europäischen Köhler durch den Kopf – dieser zeitlose Beruf wird noch immer weltweit ausgeübt. Ángel öffnet den eben erstandenen Sack mit den dicken Kohlestücken. Sie schimmern und klimpern – und sind schwer. Schon wieder. Langsam gewöhne ich mich daran, dass alle Hölzer aus diesem Wald schwer sind, dicht, als wolle jeder Baum Kraft speichern und langsam wachsen, um standzuhalten und lange zu leben.

Zurück im Camp will Rolando mir die Fortschritte der Arbeiten zeigen. Auf dem Boden liegt ein Dutzend Palo-Santo-Stämme, die Ernte aus zwei Hektar Wald, gestapelt und in Abschnitte zerteilt, damit sie auf den Laster passen, der sie zur Destillerie transportieren wird. Es ist Mai und relativ heiß, aber ich weiß, das ist nichts verglichen mit Februar und September. Rolando berichtet von Temperaturen nahe 50 Grad Celsius und Insektenschwärmen. In den heißen Monaten verändert sich der Wald, wird grau. Um zu überleben, zieht sich die gesamte Vegetation zurück. Die Blätter des Palo Santo sind klein, sodass der Baum nur einen sehr kümmerlichen, lichten Schatten spendet, wie ich bei einem vorausgehenden Besuch im Monat Januar feststellen konnte. Schwer vorstellbar, wie die Leute unter diesen Bedingungen arbeiten können, aber Rolando bekräftigt, dass man nun einmal das ganze

Jahr über Holz machen müsse, das sei normal. An Schlangen hätte sich das Team gewöhnt, wirklich problematisch seien die Wildbienen, die vom Schweiß angezogen würden und ständig zu Hunderten um sie herumschwärmten. Irgendwann schafften sie es dann doch unter die Kleidung, um zu stechen. Ich versuche, einen Stammabschnitt zu rollen, habe aber keine Chance – viel zu schwer. Rolando lächelt: So was soll man nicht allein machen. Jeder Arbeitsgang erfordert eine bestimmte Zahl an Leuten, die richtigen, effizienten Handgriffe und im entscheidenden Moment auch die Hilfe des Traktors. Eine Weisheit, die in allen Wäldern dieser Welt gilt: Auf die richtige Weise arbeiten, um möglichst lange arbeiten zu können.

Ich möchte einen symbolischen Beitrag leisten und bitte Rolando, mir doch einen Baum zum Fällen übrigzulassen. Alle lachen, weil Besucher, da sind sie sich einig, üblicherweise nicht mit der Motorsäge umgehen können. Rolando erzählt, dass sie gestern auf ein Rudel Pekari, die hier verbreiteten Wildschweine, gestoßen sind, und die Tiere sich erst nach einer stummen Auseinandersetzung getrollt haben. Beim Zuhören muss ich an die sagenumwobenen Tiere denken, die das Vordringen des Menschen in den Wald begleiteten. Gilgamesch fürchtete die Löwen, Köhler die Wölfe, und die Arbeiter, die die Sequoias fällten, stießen auf Bären. Kein Wald ohne Tiere, kein gerodeter Wald ohne das Verschwinden von Tieren.

Wir unternehmen mit den Holzfällern einen weiteren Streifzug durch den Wald. Victoria achtet darauf, dass wir alle Beinschutz tragen, Ledergamaschen, die die Schuhe bedecken und bis zu den Knien reichen, um uns vor Schlangen oder den gefürchteten Dornen zu schützen. Feliciano, das Arbeitstier der Gruppe und seit fünfunddreißig Jahren im Geschäft, geht mit der Motorsäge auf der Schulter voran. Victoria und Ángel haben ihre Macheten mitgenommen, mit denen sie sich von Baum zu Baum voranarbeiten. Üblicherweise sind sechs bis acht große Bäume pro Hektar zu finden. Victorias Bewirtschaftungsplan sieht vor, ein bis zwei davon als Samenträger stehen zu lassen und danach in diesem Waldabschnitt fünfzehn Jahre lang kein Exemplar mehr zu entnehmen. Wir kommen an Bäumen vorbei, deren Stamm man nur zu zweit umfassen kann. Manche davon werden markiert, andere nicht. Rolando zögert bei der Entscheidung zwischen Fällen und Stehenlassen keine Sekunde. Unterdessen weist Victoria mich auf jeden *Quebracho blanco* hin. Ich merke, dass die Idee der doppelten Nutzung der Parzellen in ihr arbeitet und dass sie bereut, nicht schon längst ins Holzkohlengeschäft eingestiegen zu sein.

Rolando und Feliciano bleiben am Fuß eines dicken Exemplars stehen und drehen sich lächelnd zu mir um. Der

Baum hat eine gute Größe und kann gefällt werden, eine Aufgabe, die ich übernehmen darf. Ich betrachte den kompakten Stamm mit den vielen Ästen und der zerfurchten Rinde, die ihn vor Tieren und der Hitze schützt, die kleinen dunkelgrünen Blätter, die sich im Wind bewegen. Er ist von dieser vertrauten und immer wiederkehrenden Schönheit, die Bäume den Augen und dem Herzen all derer darbieten, die gerne in ihrer Nähe sind. Rolando hat die Motorsäge vorbereitet, ich lege meine Hände auf den Stamm, betrachte den wilden Wald um mich herum, trocken, voller Dornen und locker stehender Bäume. Ich lehne mich gegen den Guajak, er muss etwa achtzig Jahre alt sein, ich zweifle nicht daran, dass er fällbereit ist. Ich greife nach der Säge, der Motor läuft, ich umrunde den Baum zusammen mit Rolando, um zu besprechen, in welche Richtung er fallen soll. Ich beginne zu schneiden, und kaum dringt die Säge in das Holz, kann ich das ätherische Öl riechen. Die Kette ist gut geschärft und schleudert eine Wolke orangefarbenen Mehls in die Luft. Trotz der Härte des Holzes ist der Fallkerb fast durch den ganzen Stamm gegangen. Ich lege die Säge beiseite und ziehe den Keil heraus. Er sieht aus wie das Viertel einer riesigen Orange, mit grünen und blauen Jahresringen, und ich brauche beide Hände, um ihn an meine Nase zu führen und daran zu schnuppern. Dieses Holz ist wirklich einzigartig, es vereint Dichte, Farbe und

Duft in einer zwischen Dornbüschen und dem Grau des Waldes gut verborgenen Üppigkeit. Ich habe meine Arbeit wieder aufgenommen, behutsam, um ein Gefühl dafür zu bekommen, wohin der Baum fallen wird. Ich durchtrenne die letzten Fasern, der Guajak neigt sich, schwankt und kracht mit seinem Gewicht durch das Dickicht dieses heißen Nachmittags. Wir sammeln uns rund um den Stumpf. »Gut gemacht«, lobt Ángel. Ich lege die Kettensäge beiseite und setze mich auf den Stamm, um noch einmal all das zu spüren, was die Bäume mir seit Jahrzehnten durch ihre Gegenwart schenken. Das Holz meines Guajaks färbt sich durch den Kontakt mit der Luft bereits blau. Auch der Stumpf wird blau und duftet. Ich schneide vom Stamm ein Stück ab, eine große blaue Scheibe, schwer wie ein Stein. Ich nehme sie in die Arme, drücke sie an mich und lege meine Nase an das Holz, atme tief ihren Duft ein, bevor ich sie eingehend betrachte. Im Braun, Grün und Blau des Holzes zeichnen sich fein und unregelmäßig die Jahresringe ab, elegante Arabesken, denen ich mit der Fingerspitze folge. Manche der Ringe sind so schmal, dass man an ihnen die Härte jenes Jahres abzulesen meint, in dem der Wassermangel den Baum zwang, all seine Energie auf Kosten des Wachstums ins reine Überleben zu investieren. Ohne Worte zeichnen die Jahresringe in ihrer Chronologie aus Linien das Leben der Bäume und die Geschichte des Waldes auf.

Ob Olive, Wacholder oder Buchsbaum – es berührt, wie diese alten, harten Hölzer so präzise von kargen oder üppigen Jahren erzählen, von Ungemach, Widerstand und einem langen Leben. Ohne Groll schenkt mir der Guajak seinen Duft und breitet sein Leben, dem ich ein Ende gesetzt habe, vor mir aus.

Der Traktor ist da, der Fahrer hat die Kette um den Stamm gelegt und zieht den gesamten Baum langsam Richtung Weg. Feliciano unterstützt mich beim Entrinden und Zerlegen. Der Tag neigt sich dem Ende zu, das Holz werden sie morgen holen. Noch ein letzter Besuch auf dem Lagergelände, wo die Holzfäller mithilfe einer Traktorschaufel die Abschnitte zu drei Meter hohen Stapeln aufschichten, die die ganze Lichtung durchziehen. Aus Größe, Form und Farbe dieser Holzbausteine entsteht eine dunkelblaue Symphonie. Ein Schatz, über dem der Duft des Waldes schwebt, wartet auf den Lkw, der etwas von der alten Geschichte des Chaco und seiner wilden Schönheit zur Destillerie transportieren wird.

Durch einen abgeschiedenen, unzugänglichen Wald muss man sich mühevoll einen Weg bahnen, um zum Fuß eines auf den ersten Blick unscheinbaren Baums zu gelangen. Man muss ihn fällen, um ein Meisterwerk der Natur freizulegen, ein unglaubliches Holz von einzigartiger Dichte, das so blau ist wie seine Rinde grau, durchdrungen von einem warmen und opulent holzigen, einem betörenden Duft. Unter härtesten Umweltbedingungen hat die Natur des Gran Chaco einen Wunderbaum hervorgebracht, der das Konzentrat der Widerstandskraft dieses Walds enthält. Wer jemals ein Stück des blauen Holzes gesehen und gerochen hat, für den ist der Gran Chaco ein Heiligtum, eine Heimstatt absoluter Schönheit, deren Bewahrung jede Mühe wert ist.

13.

Wilde Bäume und Baumpflanzer

Ist es wahrscheinlich, dass die Menschen morgen im Wald etwas Anderes anstellen werden als die letzten fünftausend Jahre? Es steht enorm viel auf dem Spiel, und die Lage erscheint umso bedrohlicher, als uns im Augenblick Untergangsszenarien sehr viel realistischer vorkommen als Gründe zur Hoffnung. Irgendwo zwischen einem schwer umsetzbaren radikalen Schutz der Urwälder und der Ausweitung des Modells industrieller Wälder engagiert sich ein Teil der Menschheit dafür, lebendige, funktionierende Wälder zu schaffen und zu erhalten, sei es in den Tropen oder in den gemäßigten Zonen. Joumana, Sandra, Victoria und Elisa sind nicht allein. Überall auf der Welt kämpfen Tausende Menschen, Vereinigungen, Firmen und Kollektive für den Wald. Sie glauben felsenfest daran, dass eine Versöhnung zwischen Mensch und Baum möglich ist.

Daraus ergibt sich ein sehr gemischtes Bild, und so gilt es festzuhalten, dass der aktuelle Zustand unserer Wälder ebenso unterschiedlich ist wie die Bäume, die sie beherbergen. Die großen Nadelwälder des Nordens werden in Kanada und Skandinavien gut gemanagt und in Russland mit Sicherheit übernutzt. Sie stellen noch immer ein großes Reservoir an Holz und Wildnis dar, das vor allem durch seine Entlegenheit und sein Klima geschützt, im Hinblick auf die Biodiversität aber beschränkt ist. Die gemäßigten Wälder Europas und Amerikas werden global gesehen vernünftig bewirtschaftet, ihr Umfang nimmt sogar zu, auch wenn überall ursprüngliche mit neu gepflanzten Baumarten konkurrieren. Dagegen ist die Lage tropischer und subtropischer Wälder wirklich bedrohlich, und viele Länder der südlichen Hemisphäre haben sich, nachdem ihre außergewöhnlichen Primärwälder vernichtet waren, für Monokulturen aus Kiefern oder Eukalyptus entschieden, so zum Beispiel Chile oder Australien.

Vor dem Hintergrund dieser sehr heterogenen Situation entstehen jede Menge Initiativen, deren Art, Größe und Anspruch sehr unterschiedlich sind – eine noch junge Bewegung, deren Breite jedoch für den Beginn eines grundlegenden Wandels steht. Fast überall eint die Gemeinschaften der Wunsch, dort wiederaufzuforsten, wo Wald verschwunden ist oder wo Bäume und Wald eine verwundete und geschundene Natur wieder heilen und der Wüstenbildung entgegenwirken können.

Seit einigen Jahrzehnten existieren Wiederaufforstungsprojekte, deren nationaler oder internationaler Anspruch ebenso erstaunt wie fasziniert. Die zwei bekanntesten heißen Große Grüne Mauer und betreffen China sowie die Sahelzone in Afrika. China hat sich hundert Jahre Zeit gegeben, um auf einer Strecke von mehr als 4000 Kilometern Bäume zu pflanzen, die der Ausbreitung der Wüste Gobi Einhalt gebieten sollen. Viele Tausend Quadratkilometer sind bereits durch die Verpflichtung von örtlichen Bauern und Bataillonen der Volksarmee aufgeforstet worden. Die Ergebnisse sind recht durchwachsen, da zum Teil falsche Baumarten ausgewählt wurden, die den Sandwinden schwer standhalten, und weil mit fragwürdigen forstwirtschaftlichen Methoden gearbeitet wird. Doch ebenso sollte man die Erfolge würdigen, die das Projekt hier und da in begrenztem Umfang hervorbringt. Es sind kleine, aber wichtige Zeichen der grundsätzlichen Bereitschaft Chinas, Bäume zu pflanzen, und zwar in einem der Größe des Landes entsprechenden Maßstab.

Die Grüne Mauer in Afrika hat eine ähnliche Dimension: Sie soll den Senegal im Westen und Dschibuti im Osten über elf Länder hinweg mit einem 15 Kilometer breiten und fast 8000 Kilometer langen Waldgürtel verbinden – ein vergleichbarer Anspruch, und auch dort zeigen sich viele Anzeichen des Scheiterns. Zu den technischen Schwierigkeiten, Bäume dazu zu bringen, dauerhaft in einer Wüstengegend zu wurzeln, kommt die komplexe Aufgabe, die auf dem betreffenden Gebiet lebenden Gemeinschaften einzubinden, denn sie alle haben ein höchst unterschiedliches Verhältnis zu Privateigentum und zu Bäumen und reagieren oft feindselig auf Versuche, ihnen bestimmte Praktiken von außen aufzuzwingen.

Nun könnte man argumentieren, dass das Scheitern von zu großen, ehrgeizigen, von der Politik entwickelten Projekten vorhersehbar ist (das alles hatten wir ja schon öfter) und dass die Pflanzung von Bäumen da keine Ausnahme darstellt. Das stimmt einerseits, andererseits bin ich der Ansicht, dass die schiere Existenz dieser Grünen Mauern und ihr Medienecho dazu beitragen, das Ausmaß des Bedarfs an Bäumen und den unschätzbaren Dienst, den sie global leisten könnten, deutlich zu machen.

Überall werden Menschen aktiv, um unsere Fehler durch die Pflanzung von Bäumen wiedergutzumachen. Nie zuvor war Elzéard Bouffier, dieser von Jean Giono erdachte wunderbare Baumpflanzer, so bekannt und populär wie heute. Die Erzählung *Der Mann, der Bäume pflanzte* ist auf dem besten Weg, zu einer Richtschnur zu werden, einem Leuchtturm, dessen Licht weit über die Haute-Provence hinausstrahlt. Beim Bäumepflanzen geht es immer gleich um Millionen: Viele Projekte setzten sich eine Million Bäume zur Zielmarke, zehn oder gar hundert Millionen sind es bei anderen noch größeren Vorhaben. Einige Initiativen sind bekannt, ihre Medienpräsenz trägt die Botschaft weiter und animiert andere. Die Millionen Mangrovenbäume der Livelihoods-Stiftung lassen die Mangrovenwälder Senegals wiederauferstehen, die für den Schutz der Küste existenziell wichtig sind. Zwei Millionen Bäume und fast dreihundert unterschiedliche andere Pflanzenarten sind es auf den siebenhundert Hektar, die der brasilianische Fotograf Sebastião Salgado in seiner Geburtsregion wieder aufforsten lässt, um auf einer trostlosen entwaldeten Brache ein Paradies zu erschaffen. Hundert Millionen Bäume der Yves-Rocher-Stiftung sind auf zehn Projekte von der Bretagne bis Tamil Nadu in Indien verteilt. Und viele andere mehr … In dieser grünen Symphonie spielen auch viele Dufthölzer mit. Millionen von Adlerholzbäumen werden in Südostasien, von Bangladesch bis Vietnam gepflanzt, in die örtlichen Landschaften integriert und geschützt, weil sie eine Quelle des Wohlstands darstellen. Im Norden von Laos sind es Storaxbäume, die Benzoeharz liefern, und im Süden wiederum Adlerholzbäume zur Gewinnung von Oud-Öl. Von der Baumschule bis zum ausgewachsenen Baum kümmern sich die Bauern liebevoll um ihre Schützlinge, die ihre Hügel und Dörfer beschatten. Die Sandelholz-Pflanzungen im australischen Kununurra sind ein Beispiel für den doppelten Nutzen der Bäume: Die Tausende Hektar, die seit fünfzehn Jahren aufgeforstet wurden, retten den *Santalum album*, eine Art, die in Indien vom Aussterben bedroht war, und verwandeln ein Stück Wüste in einen Wald, in dem sich dieser mythenumwobene Duftbaum mit anderen Arten mischt, die sein Wachstum unterstützen. Im Gran Chaco in Paraguay trägt der materielle Wert des Guajak bereits dazu bei, den Trockenurwald zu bewahren. Nicht zu vergessen Sandras 100 000 Bäume auf dem Berg Libanon, ein verdienstvolles Glied in der langen Kette von Initiativen, die die einstige Pracht des libanesischen Zedernwaldes wiederherstellen wollen. Meine Beispiele sind nur einzelne Raketen in einem ganzen Feuerwerk von Initiativen: Ein Teil der Menschheit sehnt sich leidenschaftlich nach mehr Bäumen, und das ist eine gute Nachricht! Wie jedoch lässt sich die Bedeutung dieser Bewegung im globalen Maßstab bewerten? Die Kämpferinnen und Kämpfer für die Sache des Waldes sehen sich nur allzu häufig mit allerlei Schwierigkeiten konfrontiert, und schlichte Feindseligkeit gegenüber ihren Aktivitäten ist dabei nicht ihr geringstes Problem. Welcher Anteil der acht Milliarden Menschen ist sich der immensen Bedeutung der Bäume bewusst, wie vielen ist es gleichgültig, und wie viele Männer, Frauen, Industrieunternehmen finden immer wieder Argumente, um das Amazonasgebiet dem Sojaanbau und der Tierhaltung zu opfern?

Auch abgesehen von den Tropen und unseren Eichen- und Nadelwäldern hat der Baumhunger Stadt und Land erfasst. Die Rückkehr der Bäume auf die Felder ist vielleicht der Beginn einer Revolution, die Rehabilitierung der Hecken ist so neu wie spektakulär. Sie wurden nach dem Zweiten Weltkrieg während des Siegeszugs einer Intensivlandwirtschaft praktisch vom Erdboden getilgt und werden heute wieder geschätzt und respektiert, für Verdienste, die die Bauern früher aus Erfahrung kannten. Hecken waren unersetzlich für das Leben auf den Feldern, sie regulierten den Wasserkreislauf, waren ein Rückzugsort für Tiere vom Regenwurm bis zum Raubvogel und wichtige Brennholz-Lieferanten. Erst seit sich die Qualität landwirtschaftlicher Böden verschlechtert und zugleich das Bedürfnis nach ansehnlicheren Landschaften voller Leben und Schatten wächst, werden sie wieder vermehrt gepflanzt. Hecken sind kleine Waldkorridore, Inseln der Biodiversität, und mit ihnen findet auch der Baum wieder einen Platz in einer modernen Landwirtschaft, die unter dem Begriff Agroforstwirtschaft wieder respektvoller mit den Böden umgeht.

Landbäume, Stadtbäume – auch in den Metropolen, die der Klimawandel aufheizt und deren Klimatisierung

Unmengen von Energie verschlingt, erscheinen Bäume plötzlich wieder als das Mittel der Wahl. Angesichts der erschreckenden Temperaturrekorde in weiten Teilen der Welt ist das Bedürfnis nach Schatten von einer Frage des Komforts zu einer des Überlebens geworden. Nun entdecken auch die Städte die Bäume, die sie allerdings erst noch pflanzen müssen, und zwar schnell. Es werden bescheidene oder ambitionierte Pläne erstellt, denn alle wissen, dass die Stadtbewohner die Hilfe der Bäume brauchen, am Straßenrand, in Innenhöfen und auf Terrassen, wo immer es möglich ist. Mehr Grünflächen sind nötig, mehr Parks, man experimentiert sogar mit Mikro-Wäldern entlang von Stadtautobahnen, Hauptsache, sie wachsen schnell. Dass die Menschen auf Bäume zurückgreifen, ist eine außergewöhnliche historische Kehrtwendung, man könnte darin sogar erste Anzeichen für eine Rückkehr der Wälder in die Städte sehen, die doch seit Jahrtausenden den Wald zurückdrängen. Er sollte ihnen Holz liefern und zugleich Platz machen für den Anbau von Nutzpflanzen. Wie sich die Rolle der Bäume außerhalb von Wäldern auf dem Land und in der Stadt weiterentwickelt, ist ein großes Zukunftsthema, und vielleicht keimt darin auch eine Versöhnung von Mensch und Baum auf, die bislang weder im rein hypothetischen radikalen Schutz der Tropenwälder noch in den industriellen Baumplantagen zu finden war.

Es gibt einen Mann mit noch größeren Ambitionen. Über die Versöhnung von Mensch und Baum hinaus kämpft er dafür, der Wildnis inmitten der Zivilisation wieder Geltung zu verschaffen. Francis Hallé ist seit Jahrzehnten ein intimer Kenner und leidenschaftlicher Verteidiger des Walds. Anfangs ein Spezialist für die Tropen, wurde der Botaniker im Lauf der Jahre zum Vorkämpfer für den Schutz aller Wälder dieser Welt und führt heute einen mitreißenden Kreuzzug für die Wiederherstellung eines Urwalds im Herzen Europas. Sein Plan sieht vor, unter den Augen von Dutzenden Millionen Bürgerinnen und Bürgern einen Platz für die Wildnis zu schaffen, genau da, wo es sie seit mindestens tausend Jahren nicht mehr gibt. Sein Vorhaben schildert er in einem kurzen Manifest mit dem Titel *Pour une fôret primaire en Europe de l'Ouest* (Für einen Urwald in Westeuropa). Er ist auf der Suche nach einer etwa 25 Quadratkilometer großen Fläche, möglichst mit Baumbestand und idealerweise grenzüberschreitend auf dem Gebiet von Frankreich und einem seiner Nachbarländer Luxemburg, Belgien, Deutschland oder Schweiz, das unter umfassenden Schutz gestellt wird, auch wenn Hallé sich eben kein abgesperrtes Areal vorstellt. Die Flora und Fauna darauf soll sich ohne menschliche Eingriffe entwickeln können und so im Lauf der Zeit wieder den Charakter eines Urwalds annehmen. Da man inzwischen ziemlich genau weiß, wie Wälder sich entwickeln, ist klar, dass der gewünschte Zustand wohl erst in sieben bis acht Jahrhunderten erreicht sein wird. Es dauert, bis der vorhandene Wald zugrunde geht (zum Beispiel abbrennt) und ein neuer Wald entsteht, der sämtliche Stadien der Ansiedelung von Pionierpflanzen durchlaufen muss, die dann von dauerhaft dort wachsenden Arten ersetzt werden – wobei vor dem Hintergrund des sich wandelnden Klimas nicht vorhersehbar ist, welche Bäume ein solcher Wald von sich aus gedeihen lassen wird. In einer Welt, in der alles schnell gehen muss, ein Waldprojekt ohne ökonomischen Nutzen vorzuschlagen, das zur Vollendung etwa dreißig Generationen braucht, ist ebenso provokant wie faszinierend. Kaum verwunderlich, dass für dessen Verwirklichung beträchtliche Hindernisse zu überwinden sind, insbesondere weil in diesem Teil Europas nirgendwo eine so große unbewohnte Fläche existiert. Trotzdem gilt es festzuhalten, dass die Idee auf großes Interesse stößt und viele sie nachdrücklich unterstützen, was von einer vielfältigen Motivation zeugt, die Wildnis in unsere Welt zurückkehren zu lassen.

Vor dreißig Jahren wollte mein Vater auf seine Weise den Bäumen die Ehre erweisen, indem er in den Landes ein sogenanntes Arboretum anlegte, ein Gebiet, in dem möglichst viele verschiedene Baumarten wachsen, nach den Vorlieben des Gestalters und den ökologischen Gegebenheiten des Standorts. Er hat tausend Bäume gepflanzt, eine Enklave der Artenvielfalt inmitten von Kiefern. Manche Arten gedeihen dort ganz erstaunlich gut, andere deutlich weniger – der Boden und das Klima bestimmen ihr Los. Wenn ich heute durch das Arboretum spaziere, ziehen diese drei Jahrzehnte an mir vorbei. Die fünfundzwanzig Amberbäume, die ich selbst gepflanzt habe, sind riesengroß geworden, sie fühlen sich dort offensichtlich wohl und belohnen mich jedes Jahr aufs Neue mit ihrem schönen Herbstlaub. Auch die inzwischen hundert Eichen, die dort stehen, sind ein Erfolg, manche sind bereits so dick, dass man den Eindruck gewinnt, sie hätten schon immer dort gestanden. Die an einer Böschung stehenden Zedern sind inzwischen zwar sehr groß, zeigen mir aber, dass es ihnen in höheren Lagen besser erginge. Eine lange Ahornallee, auch sie sehr bunt, führt auf die Sicheltannen zu, die sich weit von ihrer japanischen Heimat entfernt gut eingelebt haben. Ebenfalls fern ihres ursprünglichen Verbreitungsgebiets hat eine Mischung aus Buchen und Tannen ihren Platz gefunden und formt einen inzwischen durchaus ansehnlichen Hain. Die Eschen und Linden halten sich tapfer, auch die Magnolien gedeihen, und die Ulmen spenden einen herrlichen Schatten. Innerhalb von dreißig Jahren hat sich dieses Areal, in dem wir die Seekiefern gefällt und die Pyrenäen-Eiche, eine örtliche Eichenart, haben stehen lassen, völlig verwandelt. Stellenweise ist die Schicht des verrottenden Laubs sehr dicht, sodass Pilze wachsen. Wenn ich im wohltuenden Schatten dieser Bäume umherstreife, kommt es mir wie gestern vor, als sie in unseren Händen nur dünne Stängelchen waren. Nie verlasse ich das Arboretum, ohne über die Rinde unseres hiesigen Redwoods zu streichen. Es ist sehr verdienstvoll, dass er so weit weg vom Pazifik so groß und stark wird, er ist inzwischen schon ein kleiner Riese. Witou, der in Klamath die Mammutbäume fällte, wollte der Welt eine große Vielfalt von Bäumen hinterlassen, eine Insel der Schönheit und Stille, die die Erinnerung an ihren Schöpfer bewahrt.

Die vorhandenen Urwälder bewahren, die geschädigten wiederherstellen, in Wüsten und Steppen, auf dem Land und in der Stadt wieder Bäume pflanzen, der Natur da und dort wieder ihre Wildheit zurückgeben, im Gedenken an all das, was wir zerstört haben – das ist ein großer Anspruch. Es klingt wie ein dicker Aufgabenkatalog, vielleicht auch wie ein Weihnachtswunschzettel. Doch ich möchte so gerne daran glauben, dass guter Wille ansteckend ist und sich in einer Welle der Einsicht verbreitet, ein nicht mehr zu unterdrückender Wunsch, von den Wälder zu retten, was noch zu retten ist, und neue zu pflanzen, überall auf der Welt, in der ganzen Vielfalt ihrer Arten. Pflanzen wir in aller Ruhe, ohne uns vor Übertreibungen oder Misserfolgen zu fürchten, die Milliarden von Bäumen, die auf diesem Planeten Platz haben und der Welt von Morgen ihren kühlen Schatten spenden werden.

Epilog

Die zerbrechliche Schönheit der Zeder, die ich im Libanongebirge gepflanzt habe, werde ich nie vergessen, sie begleitet mich – in den Chaco, zu den Mammutbäumen und den Buchen von Avers. Indem Sandra ihnen einen Baum schenkt, bindet sie ihre Besucher in ein Projekt der Kontinuität ein, das mich sehr berührt. Es ist der Traum, ein Band von Zedern wachsen zu sehen, das den Gebirgskamm von Norden nach Süden dauerhaft krönt, so wie diese Bäume es vor langer Zeit bereits einmal taten. Eine echte Herausforderung für alle von den Menschen zerstückelten Wälder. Ich erinnere mich, wie ich über die zarten Nadeln der jungen Pflanze strich, während mein Blick den Hügel hinab zu den Zweigen jahrhundertealter Bäume wanderte. Es ist die schwindelerregende Vorstellung, die Natur dabei zu unterstützen, Bäume anzusiedeln, die eines Tages tausend Jahre alt sein werden, ein unbedeutender Helfer zu sein auf dem langen Weg der Zedern in dieser chaotischen Erzählung, die zum Symbol der Geschichte von Menschen und Bäumen geworden ist.

Wollte sich Gilgamesch in seinem Streben nach Unsterblichkeit den ewigen Zedern angleichen, indem er den Hüter des Waldes tötete und dann triumphierend in das Dickicht eindrang? Oder dachte er, indem er sie fällte und damit sterblich machte, würde er selbst unsterblich? Was darauf folgte, wirkt fast wie ein Rachefeldzug: Warum seid ihr Bäume unsterblich und wir Menschen nicht?

Die Wahrheit ist, dass die Wälder ewig existieren. Diese Behauptung mag gewagt und undifferenziert erscheinen in einer Zeit, in der immer größere Waldflächen brennen und die Entwaldung unaufhaltsam voranschreitet. Es stimmt, Wälder können vernichtet werden, der Mensch hat dafür ein großes Talent, aber auf jedem Fleckchen, das wir nicht zubetonieren, wo wir ein wenig Licht an die Erde lassen, kommt der Wald zurück. Und zwar immer. Es ist nur eine Frage der Zeit, eine Zeit, die die Wälder haben und wir nicht.

Wer die Maya-Stadt Tikal in Guatemala besucht, begreift schnell, wie der Wald alle Spuren des Menschen auffrisst. Es ist ein Ort, der zwischen den Bäumen des Dschungels wiedergefunden wurde – wie viele andere mögen unter der undurchdringlichen Vegetation verborgen bleiben? Die Maya haben ihre Siedlungen um das Jahr 1000 unserer Zeit aufgegeben, und das folgende

Jahrtausend reichte dem Wald aus, um sämtliche Hinterlassenschaften dieser Hochkultur zu verschlingen. Auffressen, verschlingen, diese Wörter passen durchaus. Die Tropenbäume entwickeln Wurzeln, die sich an Steine klammern, sie kriechen an Mauern hoch und keimen auf den Tempeln. Langsam und beharrlich dringen die Pflanzen überall ein, zerstören die Bauten, lassen sie zerbröseln, zersetzen die Steine. Im mittelamerikanischen Dschungel verstecken sich Hunderte komplett vom Wald überwucherte Bauten, die man erst mit den neuesten Techniken der Luftbild-Archäologie lokalisieren konnte.

In Angkor, der berühmten Hauptstadt des Khmer-Reichs, die erst vor sechshundert Jahren aufgegeben wurde, sind die Besucherinnen und Besucher immer völlig verblüfft, wenn sie die enormen Wurzeln sehen, die sich um Steine und Skulpturen winden, sie zu umarmen und hochzuheben scheinen, wie in einem Ballet, das nur auf den ersten Blick erstarrt wirkt, aber über die Zeitläufe hinweg überaus lebendig ist.

In Hiroshima haben einige Gingkos überlebt, und auch in Tschernobyl wachsen wieder üppige Wälder. Aus den Wäldern am Mittelmeer, die ich in den 1970er-Jahren in Flammen aufgehen sah, sind heute schöne Hügel voller Aleppo-Kiefern, Erdbeerbäume und Steineichen geworden. Die Schotterböschungen entlang von Eisenbahngleisen bedecken Robinien, deren Blüten Bienen nähren und deren Duft uns verzaubert. Im Straßenasphalt reicht ein kleiner Spalt, und schon sprießt daraus ein Götterbaum. Der Baum überlebt, der Wald kehrt wieder in einer Gestalt, die ihm gemäß ist, und unsere Zeitrechnung interessiert ihn dabei kein bisschen.

Am langsamsten kommt vermutlich der Zedernwald zurück, er kämpft mit den steinigen, nackten Hängen, die der Mensch zurückgelassen hat. Wie lange wird es wohl dauern, bis zurückkehrt, was Gilgamesch und die Geschichte zerstört haben? Sicher Jahrtausende, aber am Ende der Geschichte gibt es keinen Zweifel, die Bäume werden irgendwann nachwachsen, größer werden, aneinanderrücken und wieder zu einem Wald werden, dessen Schatten Tieren ein Zuhause bietet. Häufig hört man bittere Klagen über den furchtbaren Schaden, den wir den Wäldern zufügen – in Wahrheit schaden wir uns doch nur selbst. Die Wälder sind nicht nachtragend, sie bauen unablässig wieder auf, was wir zerstören, sie keimen auf dem Boden, den wir abfackeln, und lassen dort, wo wir Bäume fällen, wieder neue gen Himmel sprießen.

Ändern wir doch den Lauf der Geschichte, werden wir zu Helfern der Bäume, säen wir Schönheit, pflanzen wir weiter kleine Zedern, auf dass sie den Libanon und seine Menschen in ihren Duft hüllen – in hundert Jahren, in tausend Jahren, für immer.

Danksagung

Dank an Joumana Boustany, meine talentierte Freundin und Führerin durch den libanesischen Zedernwald und die Düfte ihres Landes.

Dank allen, die mich in Libanon so herzlich empfangen und mir ihr Land und seine Zedern gezeigt haben: Sandra Coussa, Eddy Choueiri, Teddy Habchi, Nabil Nemer, Roni und Wadad Araiji, Barbara Massaad, Alice Eddé, Iyad und Hareth Boustany, Georges Klink.

Ein Dankeschön auch an die wunderbaren Menschen, die an der Rettung des blauen Holzes arbeiten, Victoria, Ángel, Rolando y sus compañeros, Raul Gauto, Elisa und Jean-Marie Maizener Aragon.

An meine Kameraden und Komplizen bei den Lärchen, Buchen, Mammutbäumen und den Bäumen in Sabah, Jérôme Doliveux, Laurent Piermont, Harry Frémont, Xavier Brochet.

An meine Freunde, die Parfümeure Alberto Morillas und Jacques Cavallier Belletrud, Experten der holzigen Noten.

Herzlichen Dank auch an Hervé Bonnaud und Marc Salmon, die so gut mit Motorsägen umgehen können und geradezu zwanghaft Oliven und andere schöne Bäume pflanzen.

An Jean Paris und all jene in Montagnac, die noch die Geschichte der Köhler kennen.

An Garance und Victor, in Erinnerung an die Riesen von Port Renfrew.

Dank an Éliane Brissot, die alles, was ich schreibe, besser macht.

Meine Bewunderung und Sympathie gilt allen, denen ich begegnet bin, die Bäume pflanzen und ihnen beim Wachsen zuhören.

Literatur

Es gibt unzählige Bücher über Bäume und Wälder. Ich habe hier diejenigen aufgelistet, die ich speziell für dieses Buch herangezogen habe.

Abu-Izzedin, Faisal: Memoirs of a Cedar, International Union for Conservation of Nature, 2013.

Carranco, Lynwood/John T. Labbe: Logging the Redwoods, Caxton Press, 1975.

Das Gilgamesch-Epos. Neu übersetzt und kommentiert von Stefan M. Maul, Beck, 5. durchgesehene Auflage 2012.

Jean Giono: Ein Mensch allein. Aus dem Französischen übertragen von Caroline Vollmann, Die Andere Bibliothek, 2018.

Giono, Jean/Quint Buchholz: Der Mann, der Bäume pflanzte. Aus dem Französischen von Uli Aumüller, Hanser, 2011.

Giraud, Bernard: Ces mains qui réparent la terre, Les Ateliers Henri Dougier, 2020.

Hallé, Francis: Pour une forêt primaire en Europe de l'Ouest, Actes Sud, 2021.

Hill, Julia Butterfly: Die Botschaft der Baumfrau, Riemann, 2000.

La Fontaine, Jean de: Le Voyage en Limousin. Lettres à sa femme, 1663.

Lamartine, Alphonse de: A. von Lamartine's sämmtliche Werke. 6. Der Fall eines Engels. Übersetzt von G. Herwegh, Rieger, 1840, S. 33, www.digitale-sammlungen.de/view/bsb11718808?page=50%2C51

Musset, Danielle: »Charbonnier, le métier du diable«, in: Le monde alpin et rhodanien, Persée, 2000.

Piermont, Laurent: Agir avec la nature, Seuil, 2010.

Pontoppidan, Alain: Le Cèdre, Actes Sud, 1997.

Powers, Richard: Die Wurzeln des Lebens. Aus dem Amerikanischen von Manfred Allié und Gabriele Kempf-Allié, Fischer, 2018.

Schlosser, Charles: Le Charbonnier, une longue histoire, I.D. l'Édition, 2021.

Tassin, Jacques: Je crois aux arbres, Odile Jacob, 2021.

Reliefs, Nr. 14, Reliefs Éditions, 2021.

Vaillant, John: L'arbre d'or, Noir sur Blanc, 2014.

Zürcher, Ernst: Die Bäume und das Unsichtbare. Erstaunliche Erkenntnisse aus der Forschung, at Verlag, 2016.